U0275799

微信扫一扫,看动画演示

室内装饰工程施工
工艺详解
（动画演示版）

高海涛　编著

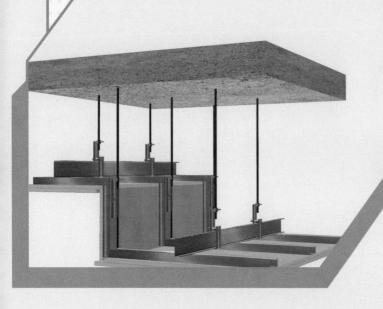

中国建筑工业出版社

图书在版编目（CIP）数据

室内装饰工程施工工艺详解：动画演示版／高海涛
编著. —北京：中国建筑工业出版社，2023.11
ISBN 978-7-112-29272-1

Ⅰ.①室… Ⅱ.①高… Ⅲ.①室内装饰－工程施工
Ⅳ.①TU767

中国国家版本馆CIP数据核字（2023）第190053号

本书由编者根据自身多年的相关工作经验总结编写完成，系统介绍了室内装饰工程中常见的造型工艺、节点做法，建立大量的三维模型，制作模型拆解动画演示，便于读者更加清晰地学习，快速积累行业经验，大幅度提升制图水平，提高工作学习效率。适于室内设计专业师生、室内装饰工程施工从业者参考阅读。

责任编辑：杨　晓　唐　旭
书籍设计：锋尚设计
责任校对：党　蕾
校对整理：董　楠

室内装饰工程施工工艺详解（动画演示版）

高海涛　编著

*

中国建筑工业出版社出版、发行（北京海淀三里河路9号）
各地新华书店、建筑书店经销
北京锋尚制版有限公司制版
临西县阅读时光印刷有限公司印刷

*

开本：880毫米×1230毫米　1/32　印张：5¼　字数：155千字
2023年12月第一版　　2023年12月第一次印刷
定价：**58.00**元
ISBN 978-7-112-29272-1
（41952）

　　室内装饰工程施工工艺是实施室内装饰工程表现具体做法的方案，它对室内装饰工程的功能性、安全性、美观性等都起着重要的指导作用。因此，装饰工程施工工艺组织设计是室内装饰工程施工中不可或缺的内容。

　　室内装饰工程施工工艺设计涉及多门学科，综合性很强，涉及建筑主体、结构形式、工程力学、设备安装、材料应用、施工组织方案以及视觉审美等因素。

　　室内装饰工程施工工艺设计应在综合考虑上述因素的前提下，采用安全坚固的方案，装饰装修结构的连接点应具有足够的强度，以承受装饰工程构件之间产生的各种荷载，装饰工程构件之间、材料之间也需要有足够的强度、刚度、稳定性，以保证构造本身的坚固性。应选择合适的装饰材料，材料决定了装饰工程施工工艺的方法。设计人员及施工人员应熟悉各种装饰材料的基本物理与化学属性。

　　装饰工程施工工艺设计应力求制作简便，同时便于各专业之间的协调配合。

　　室内装饰工程施工的类型可分为现场制作和成品安装两种。装饰工程的施工工艺多种多样，但基本原理都是将物体与物体组合起来。

　　本书由编者根据自身多年的相关工作经验总结编写完成，定位为室内设计师常用工具书，系统介绍了室内装饰工程中常见的造型工艺、节点做法，配置了大量的三维图形，可以使读者更加清晰地学习，能够快速积累行业经验，大幅度提升制图水平，提高学习工作效率。

第 **3** 章
地面的
基本构造
与施工工艺

第**4**章
室内门的
基本构造
与施工工艺

第 **1** 章

吊顶的基本构造
与施工工艺

吊顶装饰在室内空间装饰装修中占有相当的比例，同时吊顶的装饰施工工艺构造设计是室内装饰装修设计及施工中不可缺失的内容。吊顶施工工艺构造设计直接影响着室内空间的视觉效果，同时需要满足室内空间对光环境、通风环境、声环境、消防防火的要求，决定着室内空间环境的舒适性、安全性及装饰工程的工程造价。

吊顶施工中应注意以下事项：

1. 安装龙骨前，应按设计要求对房间净高、洞口标高和吊顶内管道设备及其支架的标高进行交接检验。
2. 主龙骨吊点间距、起拱高度应符合设计要求，当设计无要求时，吊点间距应小于1.2m，应按房间短向跨度的1%~3%起拱。
3. 吊杆应通直，当吊杆长度大于1.5m时，应设置反支撑。
4. 一般轻型灯具可固定在次龙骨或附加的横撑龙骨上，大于3kg的重型灯具、电扇及其他重型设备严禁安装在吊顶工程的龙骨上。
5. 吊顶内填充吸声、保温材料的品种和厚度应符合规范要求。

吊顶装饰装修施工工艺构造的类型主要分为：直接式吊顶和悬挂式吊顶。按照材料的不同有：石膏板吊顶、矿棉板吊顶、金属板吊顶、木质板吊顶等。

1.1 悬挂式吊顶

　　悬挂式吊顶一般由预埋件、吊筋、基层、面层几个基本部分构成。吊顶的预埋件是屋面板与吊杆之间的连接件，主要起着连接固定、承受拉力的作用。吊顶的基层即骨架层，是由主龙骨、次龙骨所形成的网格骨架体系。其主要形成找平、稳固的结构连接层，确保面层的铺设安装。承接面层荷载，并将其荷载通过吊筋传递给屋面板的承重结构。做法如图所示：

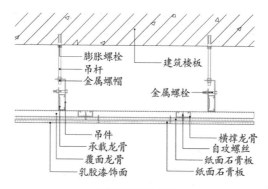

悬挂式吊顶节点图

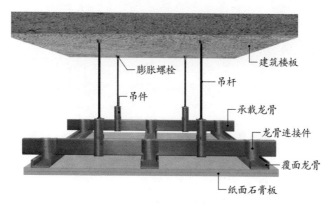

悬挂式吊顶三维示意图

1.2 吸顶式吊顶

　　轻钢龙骨纸面石膏板吸顶式吊顶分为单层龙骨、双层龙骨两种。总厚度在20～130mm之间，在保证室内吊顶高度的前提下，采用膨胀螺栓将吸顶式吊件直接固定在建筑结构梁及顶板上。做法如图所示：

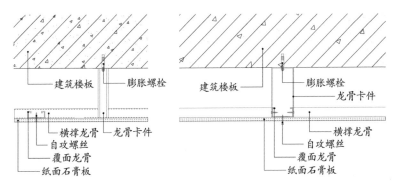

吸顶式吊顶节点图

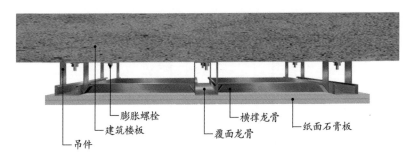

吸顶式吊顶三维示意图

1.3 卡式龙骨吊顶

在顶面与四周墙面弹线，要求弹线清晰、准确，误差不应大于2mm。主龙骨与主龙骨之间的间距为800mm，主龙骨两端距墙面悬空均不超过300mm。边龙骨采用专用边角龙骨，不可采用副龙骨替代。安装边龙骨前应先在墙面弹线，确定位置，准确固定。副龙骨之间的间距为400mm。副龙骨、边龙骨之间连接均采用拉铆钉固定。吊顶长度大于通长龙骨长度时，龙骨应采用龙骨连接件对接固定。全面校对主、副龙骨的位置与水平，主、副龙骨卡槽无虚卡现象，卡合紧密。做法如图所示：

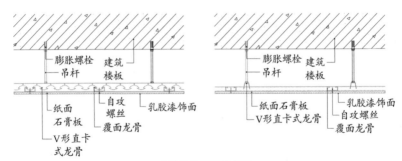

卡式龙骨吊顶节点图

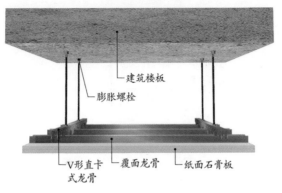

卡式龙骨吊顶三维示意图

1.4 跌级吊顶

　　根据室内的四周墙面，弹好水平控制线，要求弹线清晰、准确。安装要求在划分好的主、次龙骨的顶棚标高线上划分龙骨分档线。为了保证整个骨架的稳定，需要用膨胀螺栓进行固定，在弹好的顶棚标高水平线或者是龙骨分档线后，要确定好吊杆下端的标高，吊杆不要和专业的管道进行接触。做法如图所示：

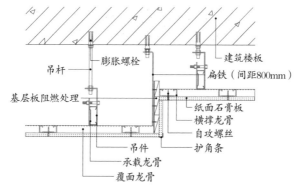

跌级吊顶节点图

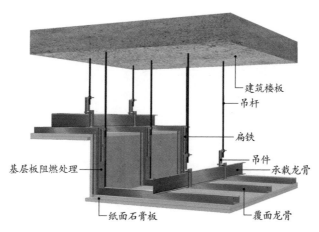

跌级吊顶三维示意图

1.5 吸声石膏板吊顶

吸声石膏板可与铝合金龙骨和轻钢龙骨配合使用，吸声石膏板与铝合金龙骨或T形轻钢龙骨配合使用。龙骨吊装找平后，用石膏腻子填实刮平，安装时应使吸声石膏板背面的箭头方向和白线一致，以保证图案花纹的统一。做法如图所示：

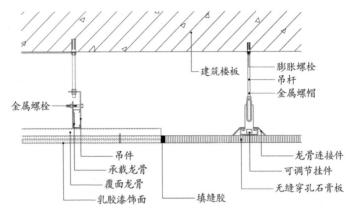

吸声石膏板吊顶节点图

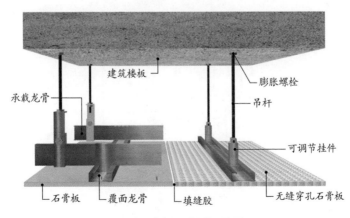

吸声石膏板吊顶三维示意图

1.6 常规灯带吊顶

木基层板不与石膏板接触的一侧涂刷防火涂料，木方必须进行防腐、防火处理。轻钢龙骨采用膨胀螺栓将吸顶式吊件直接固定在建筑结构梁及顶板上。做法如图所示：

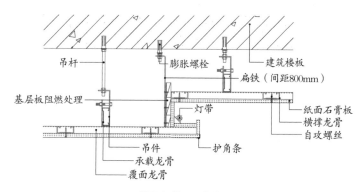

常规灯带吊顶节点图

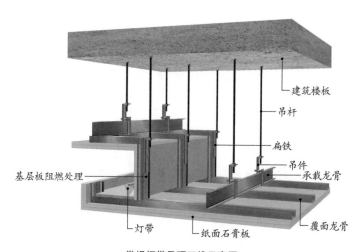

常规灯带吊顶三维示意图

1.7 灯带吊顶

　　施工流程：结构顶放吊筋线—墙面抄水平线—打眼—安装吊筋—安装主、副龙骨—拉线—检查主、副龙骨—安装灯具—安装石膏板。做法如图所示：

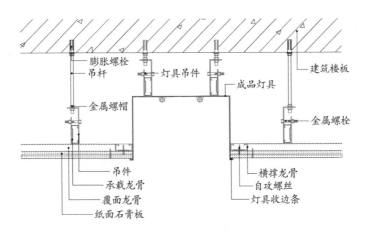

灯带吊顶节点图

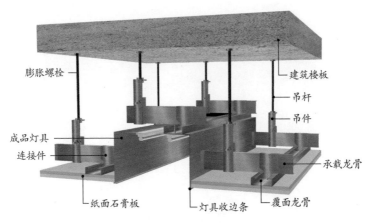

灯带吊顶三维示意图

1.8 带石膏线条吊顶

　　石膏线条施工时先施工正面，从正面做起，只有这样才能保证正面接头少。施工时做到快粘快调整，边固定边调整，调整好后在最短的时间内把该补的地方补到位，该清理的地方清理到位，然后用清水清扫干净，保证装饰面的干净整洁。

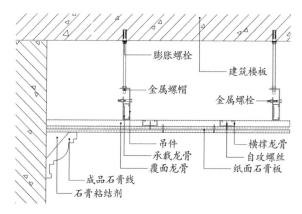

带石膏线条吊顶节点图

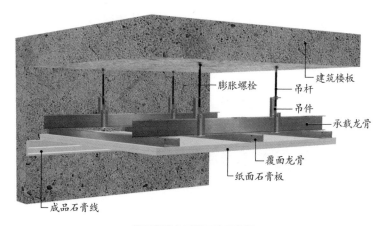

带石膏线条吊顶三维示意图

1.9 带石膏线条灯槽吊顶

石膏线条粘贴施工时，先从正面开始施工。只有这样才能保证正面接头少。施工时要做到快粘快调整，边固定边调整。调整好后，在最短的时间内把该补的地方补到位，该清理的地方清理到位。再用清水清扫干净，保证装饰面的干净整洁。做法如图所示：

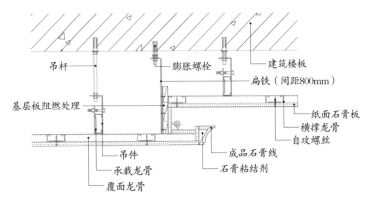

带石膏线条灯槽吊顶节点图

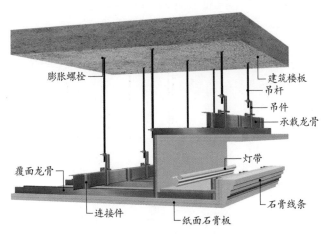

带石膏线条灯槽吊顶三维示意图

1.10 带弧形石膏线条灯槽吊顶

　　基层腻子一定要铲除，同时还要露出原基础层，这点非常重要，能够避免出现石膏线不断脱落的情况。用胶水调快粘粉，随用随调，沿线条按角度贴墙角后，一定要用力地按压1min以上。用挤溢出的快粘粉涂抹、填补能看见的缝隙。还要注意：紧接着就可以用毛刷蘸清水清洗石膏线条表面。做法如图所示：

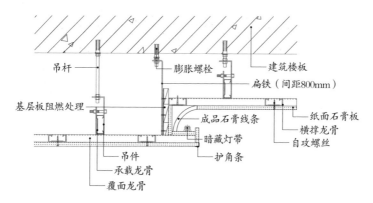

带弧形石膏线条灯槽吊顶节点图

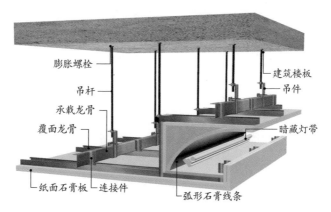

带弧形石膏线条灯槽吊顶三维示意图

1.11 双层石膏伸缩缝吊顶

当纸面石膏板吊顶面积大于100m²时，纵、横方向每12～18m距离处应做伸缩缝处理。遇到建筑变形缝处时，吊顶应根据建筑变形量设计变形缝尺寸及构造。做法如图所示：

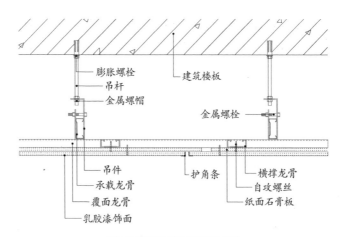

双层石膏板伸缩缝吊顶节点图

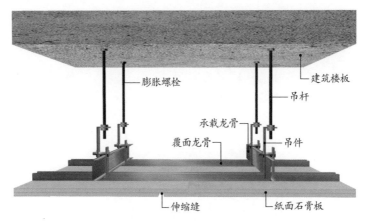

双层石膏板伸缩缝吊顶三维示意图

1.12 卡式龙骨伸缩缝吊顶

　　邻墙主龙骨与墙面的间距不应大于300mm，沿主龙骨方向，吊筋与吊筋间距不应大于1200mm。在石膏板接缝处设置横撑龙骨。做法如图所示：

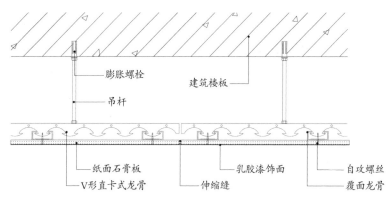

卡式龙骨伸缩缝吊顶节点图

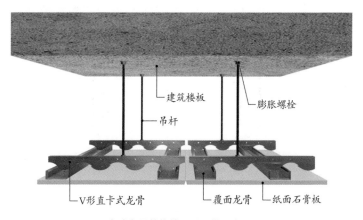

卡式龙骨伸缩缝吊顶三维示意图

1.13 石膏板吊顶与乳胶漆墙面交接

　　纸面石膏板端头与墙体接缝处应留缝隙，刮嵌缝腻子、加贴嵌缝带砂平。纸面石膏板嵌缝腻子，接缝带及专用胶均应采用板材生产厂家专用配套材料。做法如图所示：

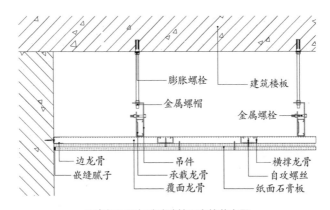

石膏板吊顶与乳胶漆墙面交接节点图

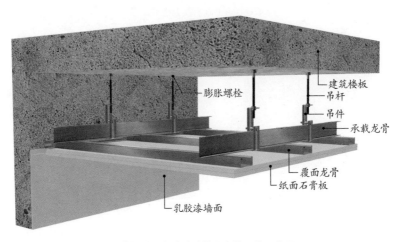

石膏板吊顶与乳胶漆墙面交接三维示意图

1.14 石膏板吊顶与石材墙面交接

　　石材可在墙面、顶面接口处设置凹槽、倒角、留空等，墙面石材一般不宜与顶面直接硬碰。其目的主要为克服不同界面因物理力学性能等不同而造成的各种质量缺陷，具体表现为：开槽、倒角、留空，可有效避免石材与顶面接触产生的收口难、石材爆边、交叉污染等施工难题。开槽或倒角可以达到美化工艺、增加装饰的效果。做法如图所示：

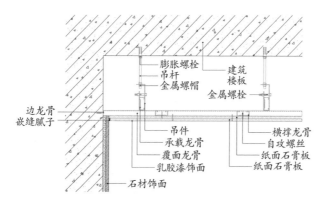

石膏板吊顶与石材墙面交接节点图

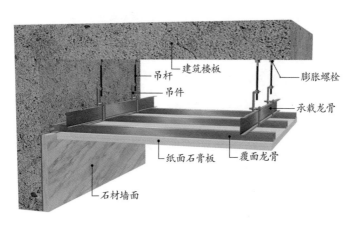

石膏板吊顶与石材墙面交接三维示意图

1.15　明装窗帘盒吊顶

　　窗帘盒的制作与安装所使用的材料和规格、木材的燃烧性能等级和含水率（含水率不大于12%）及人造夹板应符合设计要求和国家现行标准的相关规定。窗帘盒材料一般选用无死结、无裂纹和无过大翘曲的干燥木材，防腐剂、油漆、钉子等小五金必须符合设计要求。做法如图所示：

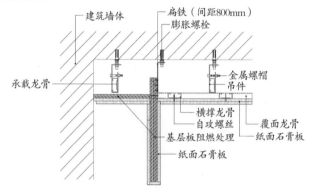

明装窗帘盒吊顶节点图

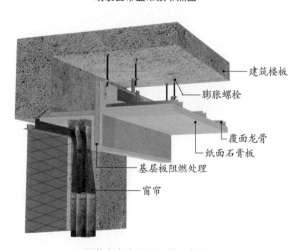

明装窗帘盒吊顶三维示意图

1.16　暗装窗帘盒吊顶

　　木龙骨固定采用膨胀螺栓与钢钉结合，与建筑墙面固定，钢钉间距为400～500mm。使用吊筋承载窗帘箱的重量，安装时将扁铁砸直，用自攻螺丝固定在基层板上，吊筋与吊筋的间距不大于1200mm，吊筋直径为8mm。做法如图所示：

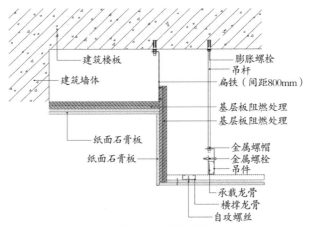

暗装窗帘盒吊顶节点图

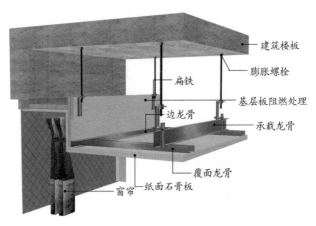

暗装窗帘盒吊顶三维示意图

1.17 侧出风口灯槽吊顶

出风口侧面板要与吊顶平面面板材料一致。在侧面接缝处理上，板缝应留置4～6mm，用石膏嵌缝膏加乳胶拌制成嵌缝材料填实，待其凝固后，应达到石膏板的强度。由于该材料有一定弹性，故基本不会出现收缩裂缝。做法如图所示：

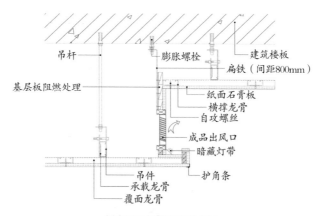

侧出风口灯槽吊顶节点图

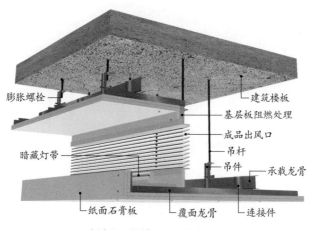

侧出风口灯槽吊顶三维示意图

下出风口灯槽吊顶

　　轻钢龙骨安装位置必须正确且牢固，连接方法应正确、无松动，吊杆做防锈处理，吊杆及配件安装方法及位置正确、平直，无弯曲、无变形。石膏板表面平整、洁净、颜色一致，无污染、反锈等缺陷。出风口应采用角钢或扁钢焊制造型部分的边框，并适当加斜支撑固定，保证造型顶的牢固。做法如图所示：

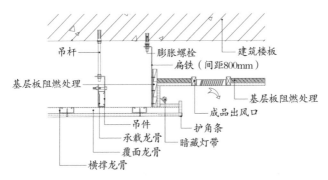

下出风口灯槽吊顶节点图

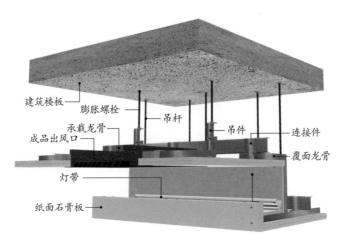

下出风口灯槽吊顶三维示意图

1.19 吊顶与轻钢龙骨墙面交接

应先完成墙面装修后，再进行吊顶装饰面材的安装。做法如图所示：

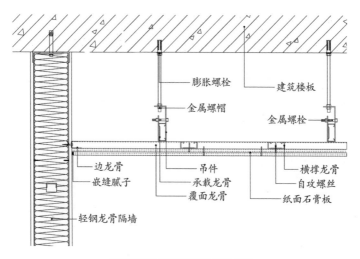

吊顶与轻钢龙骨墙面交接节点图

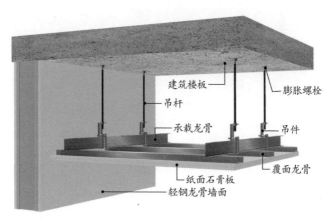

吊顶与轻钢龙骨墙面交接三维示意图

1.20 吊顶与混凝土墙面交接

　　轻钢龙骨和罩面板的种类、规格和固定方法必须符合设计要求。轻钢龙骨的安装必须位置正确、连接牢固、无松动。罩面板应无脱层、翘曲、折裂、缺棱掉角等缺陷。安装必须牢固、无松动。做法如图所示：

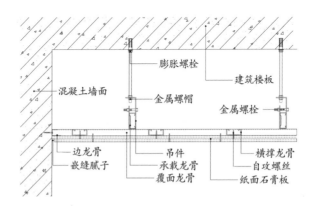

吊顶与混凝土墙面交接节点图

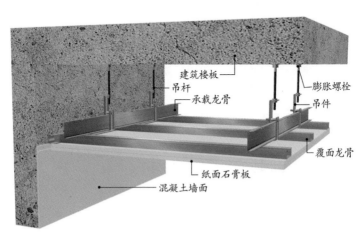

吊顶与混凝土墙面交接三维示意图

1.21 成品检修口吊顶

　　将裁好的石膏板粉刷涂料后，安装在成品检修口上并固定。顶面检修口尺寸不应小于300mm×300mm。检修口安装要平顺，无曲翘、无污染。做法如图所示：

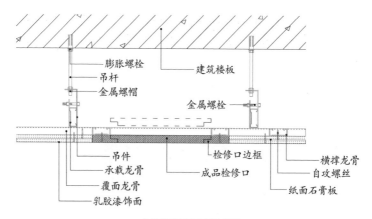

成品检修口吊顶节点图

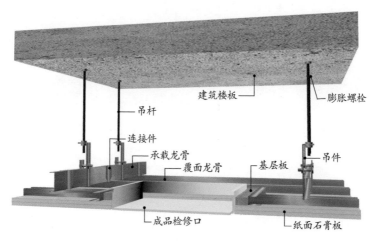

成品检修口吊顶三维示意图

1.22 吊顶嵌装灯具

　　重量小于1kg的筒灯、石英射灯等设施可直接安装在轻钢龙骨石膏板吊顶的饰面板上；重量小于3kg的灯具等设施应安装在次龙骨上。龙骨的排布应与灯具的位置错开，不应切断主龙骨。当必须切断主龙骨时，一定要加强处理或采取补救措施。做法如图所示：

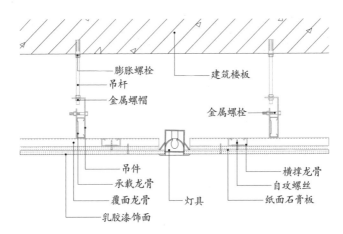

吊顶嵌装灯具节点图

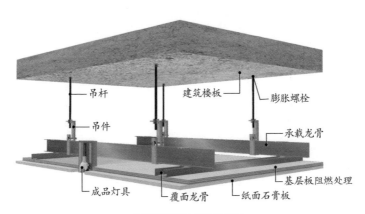

吊顶嵌装灯具三维示意图

1.23 倒三角法反向支撑吊顶

倒三角法反向支撑吊顶适用于吊杆长度超过1.5m且小于2m时。安装间距在2m以内，围绕一个中心呈梅花形分布，且不应设置在同一条直线上。做法如图所示：

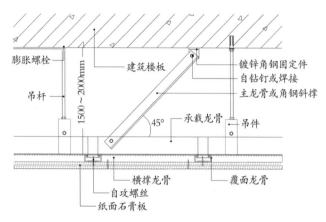

倒三角法反向支撑吊顶节点图

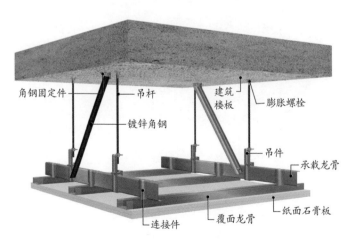

倒三角法反向支撑吊顶三维示意图

1.24 主龙骨拉结反支撑吊顶

主龙骨拉结法反向支撑吊顶适用于吊杆长度超过1.5m且小于3m时使用。在主龙骨横撑底边每隔两个主龙骨的间距打孔，全丝吊杆穿过，位置确定后上下用螺母固定。做法如图所示：

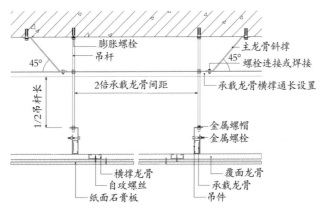

主龙骨拉结反支撑吊顶节点图

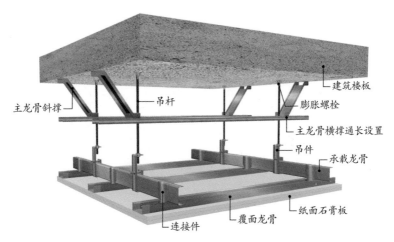

主龙骨拉结反支撑吊顶三维示意图

1.25 明架矿棉板吊顶

矿棉板分为明架式和暗架式两种，采用平放搁置式、露出龙骨的称之为明架式。施工工艺流程：弹线→固定收边龙骨→安装吊点、吊杆→安装龙骨→安装饰面板。做法如图所示：

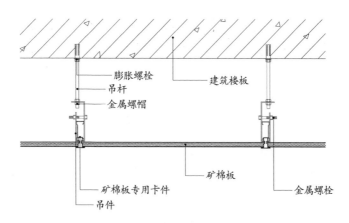

明架矿棉板吊顶节点图

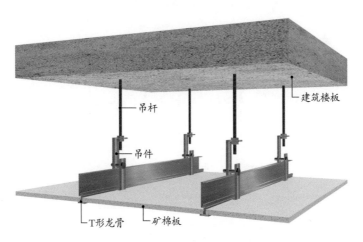

明架矿棉板吊顶三维示意图

1.26 暗架矿棉板吊顶

矿棉板分为明架式和暗架式两种，采用企口嵌装式、不显露龙骨的称之为暗架式，即饰面板之间靠插片连接，亦称之为嵌装式（暗插式）。在饰面板安装时，要注意插片的深度，板间应连接紧密，不允许有明显的缺棱、掉角和翘曲现象。做法如图所示：

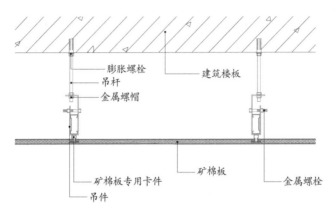

膨胀螺栓
吊杆
金属螺帽
建筑楼板
矿棉板
矿棉板专用卡件
吊件
金属螺栓

暗架矿棉板吊顶节点图

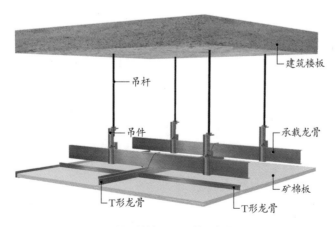

吊杆
吊件
T形龙骨
建筑楼板
承载龙骨
矿棉板
T形龙骨

暗架矿棉板吊顶三维示意图

1.27 明架矿棉板吊顶与墙面交接

当吊顶面积小于40m²且为不上人吊顶时，可不用主龙骨（承载龙骨），采用贴顶吊装方式。T形龙骨按室内进深排列，余量板的板幅尽量不小于整板的1/3。T形主、次龙骨接头必须平直严密。做法如图所示：

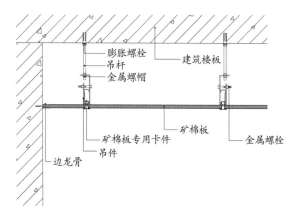

明架矿棉板吊顶与墙面交接节点图

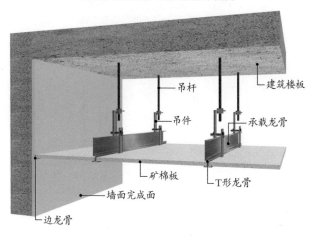

明架矿棉板吊顶与墙面交接三维示意图

1.28 暗架矿棉板吊顶与墙面交接

采用T形龙骨将中间开槽的矿棉板逐一插入T形龙骨中，板与板之间用插片连接的是不可以开启的暗架方法。这种施工工艺需要做检修口。吊装时首先按规定吊装主龙骨及配件。主龙骨两端应与墙壁靠紧，以防止安装矿棉板时龙骨架窜动；T形龙骨按房间进深（长方向）排列，经计算后四周留有余量。余量板板幅尽量不小于整板的1/3。做法如图所示：

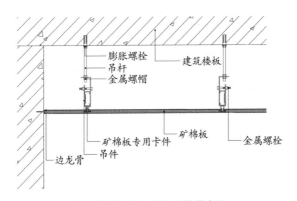

暗架矿棉板吊顶与墙面交接节点图

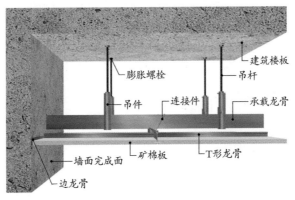

暗架矿棉板吊顶与墙面交接三维示意图

1.29 矿棉板与石膏板组合吊顶

矿棉板与石膏板组合吊顶：在顶板上弹出主龙骨的位置线和嵌入式设备的外形尺寸线。主龙骨间距一般为900～1000mm均匀布置，排列时应尽量避开嵌入式设备，并在主龙骨的位置线上用十字线标出固定吊杆的位置。吊杆间距应为900～1000mm，距主龙骨端头应不大于300mm布置。做法如图所示：

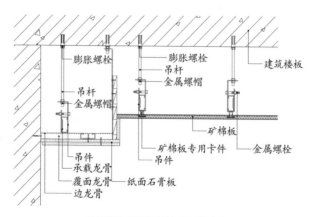

矿棉板与石膏板组合吊顶节点图

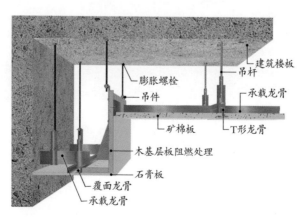

矿棉板与石膏板组合吊顶三维示意图

1.30 吊件式隔声吊顶

在保证室内吊顶净高的前提下，可使用U形安装件安装隔声吊顶。采用膨胀螺栓将吊件直接固定在结构顶板及梁上。做法如图所示：

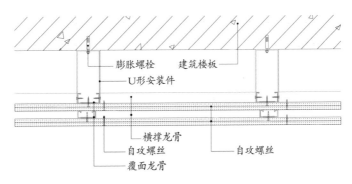

膨胀螺栓　建筑楼板

U形安装件

横撑龙骨

自攻螺丝　自攻螺丝

覆面龙骨

吊件式隔声吊顶节点图

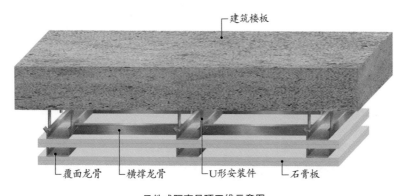

建筑楼板

覆面龙骨　横撑龙骨　U形安装件　石膏板

吊件式隔声吊顶三维示意图

1.31 吊装式隔声吊顶

可调节吊件直接吊挂平方的C形主龙骨，主、次龙骨为同一型号，在同一平面内垂直交叉、平放。做法如图所示：

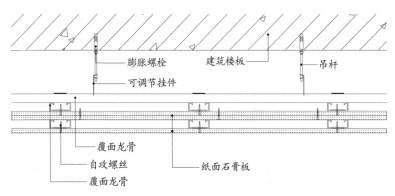

吊装式隔声吊顶节点图

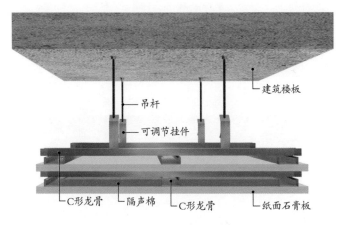

吊装式隔声吊顶三维示意图

1.32 吸顶式隔声吊顶

施工流程：弹线→确定标高位置→打眼→安装吊件及轻钢龙骨→安装边龙骨→安装主、次龙骨→安装面板→检查。做法如图所示：

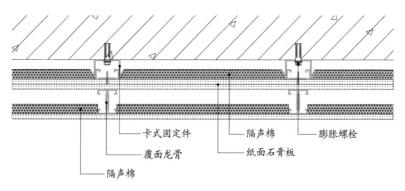

吸顶式隔声吊顶节点图

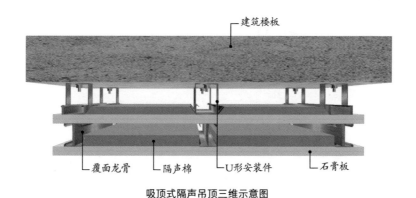

吸顶式隔声吊顶三维示意图

1.33　木丝吸声板吊顶与墙面交接

可采用收边线条对其进行收边，收边处用螺钉固定。在右侧、上侧的收边线条安装时，为横向膨胀预留1.5mm，声板密拼安装或用线条固定。做法如图所示：

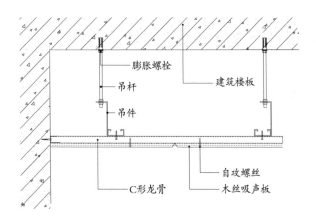

吸顶式隔声吊顶与墙面交接节点图

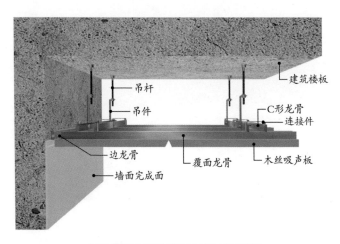

吸顶式隔声吊顶与墙面交接三维示意图

1.34 木丝吸声板接缝吊顶

1. 测量墙面尺寸，确认安装位置，确定水平线和垂直线，确定电线插口、管子等物体的切空预留尺寸。2. 按施工现场的实际尺寸计算并裁开部分吸声板（对立面上有对称要求的，尤其要注意裁开部分吸声板的尺寸，保证两边的对称）和线条（收边线条、外角线条、连接线条），并为电线插口、管子等物体切空预留。做法如图所示：

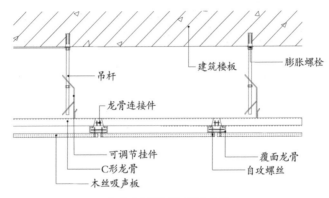

木丝吸声板接缝吊顶节点图

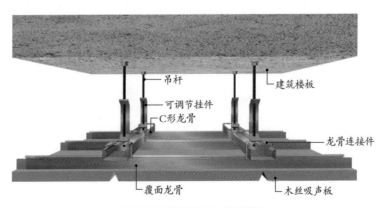

木丝吸声板接缝吊顶三维示意图

1.35 玻璃纤维吸声板吊顶

　　玻璃纤维吸声板的基层是高密度玻璃纤维，正面是经过特殊处理的涂层，背面是玻璃纤维布，板边经过强化和涂漆处理，具有重量轻、不易下陷、不吸潮、无静电、高温高湿环境下不变形翘边等特点。做法如图所示：

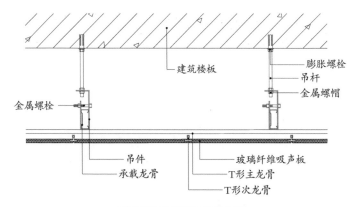

玻璃纤维吸声板吊顶节点图

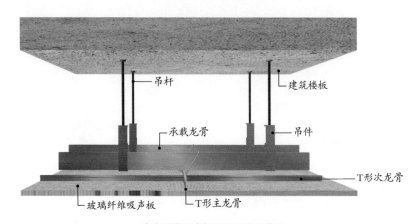

玻璃纤维吸声板吊顶三维示意图

1.36 玻璃纤维吸声板吊顶与墙面交接

施工流程：吊杆→T形龙骨→边龙骨→玻璃纤维吸声板吊顶板材→清洁→验收。做法如图所示：

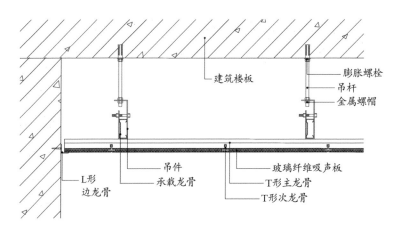

玻璃纤维吸声板吊顶与墙面交接节点图

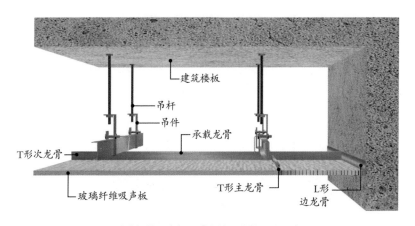

玻璃纤维吸声板吊顶与墙面交接三维示意图

1.37 明龙骨金属网格吊顶

吊杆通常采用热浸镀锌螺杆，直径不小于6mm，吊杆的安装间距不得超过1200mm，吊杆的长度通常不超过1500mm。做法如图所示：

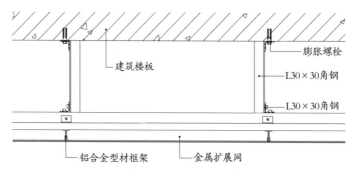

明龙骨金属网格吊顶节点图

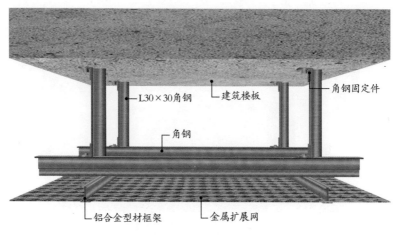

明龙骨金属网格吊顶三维示意图

1.38　暗龙骨金属网格吊顶

　　金属板（网）吊顶系统由金属面板或金属网、龙骨及安装辅配件（如面板连接件、龙骨连接件、安装扣、调校件等）组成。做法如图所示：

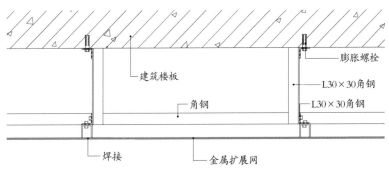

暗龙骨金属网格吊顶节点图

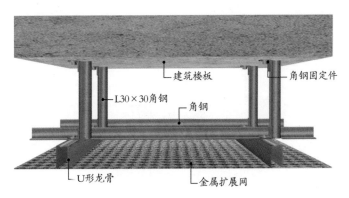

暗龙骨金属网格吊顶三维示意图

1.39 蜂窝铝合金板吊顶

蜂窝铝合金面板的安装及调平吊顶面板安装时，依照面板控制线从中间向一个方向依次逐条安装，采用配合吊顶的扣件用螺栓固定到龙骨骨架上。铝板面板与钢龙骨间的接触面采用绝缘片做隔离处理，以防止产生电化学腐蚀。做法如图所示：

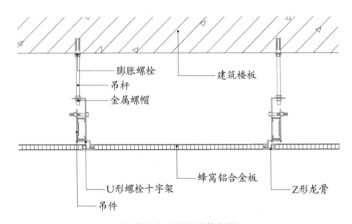

膨胀螺栓
吊杆
金属螺帽
建筑楼板
蜂窝铝合金板
U形螺栓十字架
吊件
Z形龙骨

蜂窝铝合金板吊顶节点图

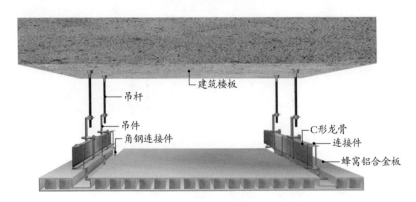

建筑楼板
吊杆
吊件
角钢连接件
C形龙骨
连接件
蜂窝铝合金板

蜂窝铝合金板吊顶三维示意图

1.40 金属圆形格栅吊顶

金属圆形格栅材料表面应洁净、色泽一致，不得有翘曲、裂缝及缺损，饰面板与明龙骨的搭接应平整、吻合，压条应平直、宽度一致。饰面板上的灯具、烟感器、喷淋头、风口箅子等设备的位置应合理、美观，与饰面板的交接应吻合、严密。金属龙骨的接缝应平整、吻合、颜色一致，不得有划伤、擦伤等表面缺陷。木质龙骨应平整、顺直，无劈裂。做法如图所示：

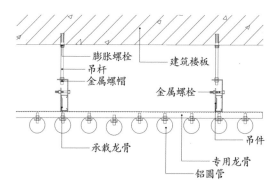

金属圆形格栅吊顶节点图

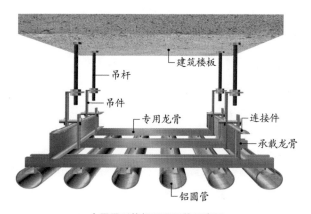

金属圆形格栅吊顶三维示意图

1.41 矩形铝方通吊顶

施工流程：弹标高控制线→弹吊杆点线→吊杆龙骨选材制作→吊杆固定→主、次龙骨安装→铝方通单元板块→细部、接口处理。做法如图所示：

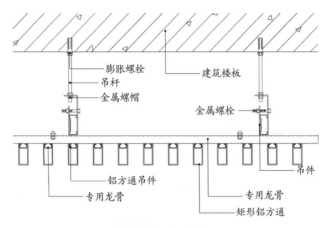

膨胀螺栓
吊杆
金属螺帽
建筑楼板
金属螺栓
吊件
铝方通吊件
专用龙骨
专用龙骨
矩形铝方通

矩形铝方通吊顶节点图

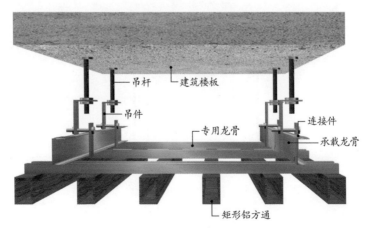

吊杆
吊件
建筑楼板
连接件
专用龙骨
承载龙骨
矩形铝方通

矩形铝方通吊顶三维示意图

1.42 铝合金条板吊顶

　　铝合金板条接长部位，往往会出现接缝过于明显的问题，应注意做好下料工作。条板切割时，除了控制好切割的角度外，同时应用锉刀将切口部位修平，将毛边及不平处修整好，然后再用相同颜色的胶粘剂将接口部位粘合。做法如图所示：

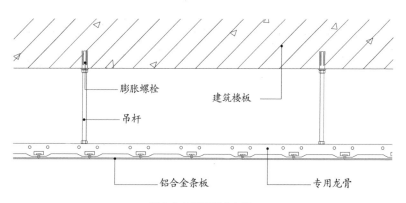

铝合金条板吊顶节点图

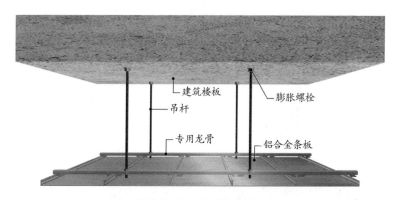

铝合金条板吊顶三维示意图

1.43　铝合金方格栅吊顶

　　铝合金方格栅根据吊顶的结构形式、材料尺寸和材料刚度，来确定分片的大小和位置。其一般先从室内吊顶直角位置开始逐步展开。吊挂点的布局需根据分片布置线来设定，使吊顶的分片材料（单体或多体构件）受力均匀。做法如图所示：

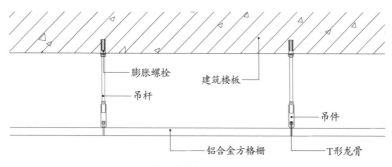

铝合金方格栅吊顶节点图

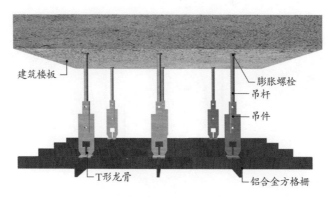

铝合金方格栅吊顶三维示意图

1.44　铝合金条板吊顶与墙面交接

　　金属板吊顶的边龙骨应安装在结构墙面，上下边缘与吊顶标高线平齐，并按墙面材料的不同选用射钉或膨胀螺等固定。固定间距宜为300mm，端头宜为500mm。做法如图所示：

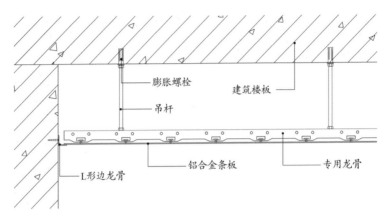

铝合金条板吊顶与墙面交接节点图

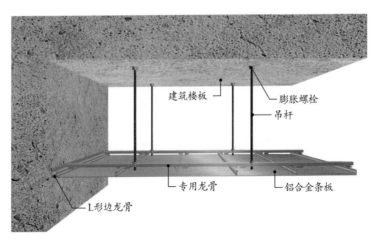

铝合金条板吊顶与墙面交接三维示意图

1.45 透光板吊顶

施工流程：弹顶棚标高水准线→划吊筋分档线→安装主龙骨吊筋→安装主龙骨→安装次龙骨→安装基层板→安装T形龙骨→安装透光板。做法如图所示：

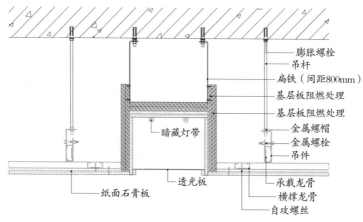

膨胀螺栓
吊杆
扁铁（间距800mm）
基层板阻燃处理
基层板阻燃处理
金属螺帽
金属螺栓
吊件
承载龙骨
横撑龙骨
自攻螺丝
暗藏灯带
透光板
纸面石膏板

透光板吊顶节点图

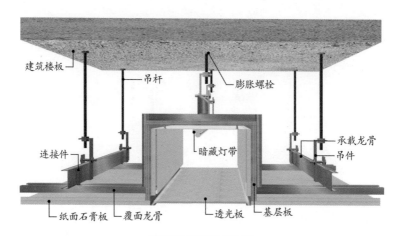

建筑楼板
吊杆
膨胀螺栓
承载龙骨
吊件
连接件
暗藏灯带
纸面石膏板
覆面龙骨
透光板
基层板

透光板吊顶三维示意图

1.46 木饰面板吊顶

　　吊顶标高、尺寸、起拱和造型应符合设计要求。暗装龙骨吊顶工程的吊杆、龙骨和饰面材料的安装必须牢固。金属吊杆、龙骨应经过表面防腐处理，木方、木基层板应进行防火处理。木饰面板的接缝应进行板缝防裂处理。做法如图所示：

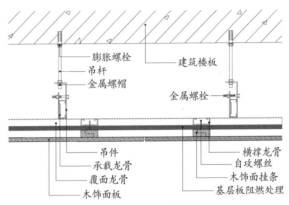

膨胀螺栓
吊杆
金属螺帽
建筑楼板
金属螺栓
吊件
承载龙骨
覆面龙骨
木饰面板
横撑龙骨
自攻螺丝
木饰面挂条
基层板阻燃处理

木饰面板吊顶节点图

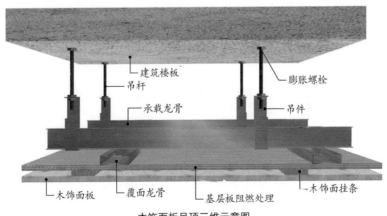

建筑楼板
吊杆
承载龙骨
膨胀螺栓
吊件
木饰面板
覆面龙骨
基层板阻燃处理
木饰面挂条

木饰面板吊顶三维示意图

1.47 透光软膜吊顶

当所有需要安装透光软膜吊顶的铝合金龙骨固定好以后，再安装软膜。先把软膜打开，用专用的加热风炮充分加热均匀，然后用专用的插刀把软膜紧插到铝合金龙骨上，最后把四周多出的软膜修剪完整即可。做法如图所示：

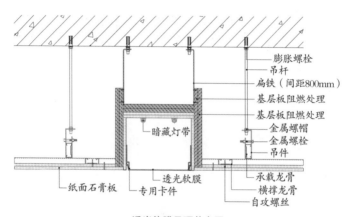

透光软膜吊顶节点图

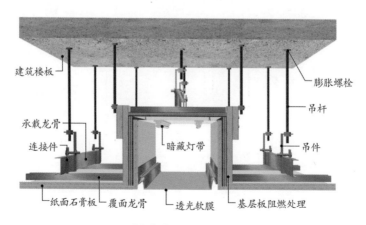

透光软膜吊顶三维示意图

1.48 挡烟垂壁吊顶

　　挡烟垂壁定位轴线的测量放线必须与主体结构的主轴线平行或垂直，以免挡烟垂壁和室内装饰施工时发生矛盾，造成阴阳角不方正和装饰面不平行等缺陷。要使用高精度的激光水准仪、经纬仪，配合用标准钢卷尺、重锤、水平尺等复核，以确保挡烟垂壁的垂直精度。要求上、下中心线偏差小于1～2mm。做法如图所示：

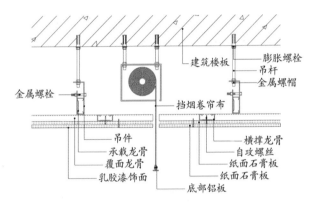

挡烟垂壁吊顶节点图

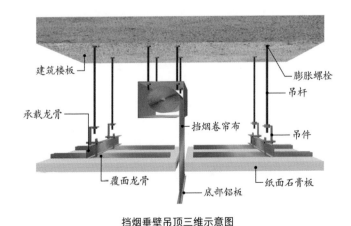

挡烟垂壁吊顶三维示意图

1.49 玻璃垂烟挡壁吊顶

　　要注意玻璃有无裂纹和崩边，吊夹铜片位置是否正确。用干布将玻璃的表面浮灰抹净，用记号笔标注玻璃的中心位置。安装电动吸盘机。电动吸盘机必须定位，左右对称，且略偏玻璃中心上方，使起吊后的玻璃不会左右偏斜，也不会发生转动。做法如图所示：

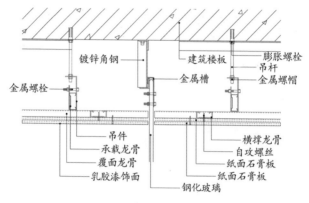

玻璃垂烟挡壁吊顶节点图

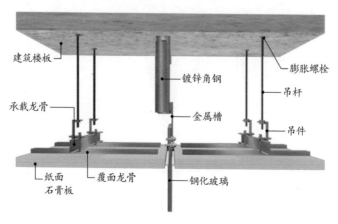

玻璃垂烟挡壁吊顶三维示意图

1.50 单轨防火卷帘吊顶

施工流程：确认洞口及产品规格→左右支架安装→卷筒轴安装→开闭机→空载试车→帘面安装→负荷试车→侧导轨安装→导轮横梁安装→控制箱和按钮盒安装→行程限位调试→箱体护罩→验收交付。做法如图所示：

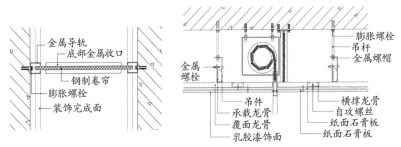

单轨防火卷帘吊顶节点图

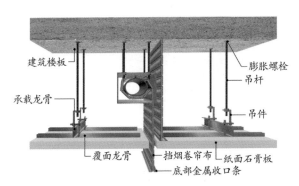

单轨防火卷帘吊顶三维示意图

1.51 双轨防火卷帘吊顶

导轨现场安装应牢固，预埋钢件与导轨连接间距不得大于600mm。安装后，导轨应垂直于地面。其不垂直度每米不得大于5mm，全长不超过20mm。导轨安装后，要保证洞口净宽。帘面在导轨上运行应顺畅平稳，不允许有卡阻、冲击现象。做法如图所示：

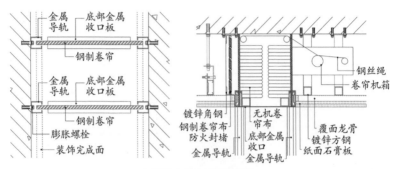

双轨防火卷帘吊顶节点图

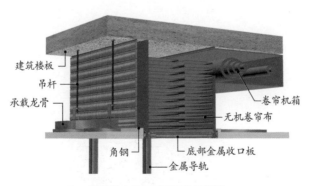

双轨防火卷帘吊顶三维示意图

第 **2** 章

墙面的基本构造
与施工工艺

室内装饰装修墙面的施工工艺构造取决于相应的装饰装修材料的属性。根据不同的装饰装修材料可分为：墙纸墙布类、木制作、陶瓷类、石材类、涂料类、金属板类等。

在室内装饰装修墙面施工中应注意：

1. 墙面的装修需要把墙面基础施工时的裂痕填平，例如水电施工时留下的缝隙等，需要我们用水泥把这些地方填平。

2. 把墙面固化，这个固化的步骤需要用到界面剂，用界面剂把墙面刷一次，能够使墙面更加坚固。

3. 在给墙面进行固化处理后，需要对墙面再检查一次，防止出现凹凸不平的现象。

4. 改造加增水管电线时，在墙面开槽不能横剖，要竖剖，因为横剖对墙体的损害较大，对抗震性、强度有很大破坏，只能竖剖，横剖的长度不能超过3~5cm。如果槽开得深，易碰到墙壁内的钢筋，把钢筋锯断。如果槽浅了，将来容易鼓包。

2.1 轻质墙

施工流程：材料检验→技术交底→清理基层→放线→排活安装→检测垂直度、平整度→固定轻质隔墙板→复测垂直度、平整度→灌缝→缚嵌缝带→接缝抹浆→刮腻子→打磨平整→面层涂料。做法如图所示：

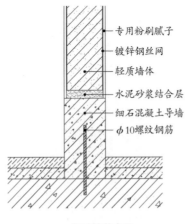

轻质墙节点图

- 专用粉刷腻子
- 镀锌钢丝网
- 轻质墙体
- 水泥砂浆结合层
- 细石混凝土导墙
- φ10螺纹钢筋

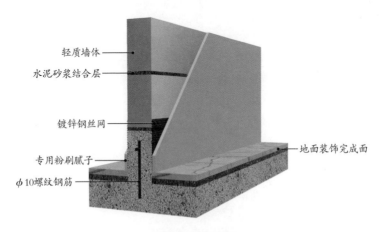

- 轻质墙体
- 水泥砂浆结合层
- 镀锌钢丝网
- 专用粉刷腻子
- φ10螺纹钢筋
- 地面装饰完成面

轻质墙三维示意图

2.2 轻钢龙骨石膏板隔墙

施工流程：弹线→安装天地龙骨→竖向龙骨分档→安装竖向龙骨→安装系统管、线→安装横向卡档龙骨→安装门洞口框→安装一侧石膏板→安装另一侧石膏板。做法如图所示：

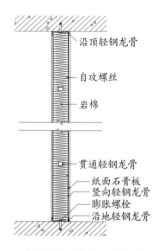

沿顶轻钢龙骨

自攻螺丝

岩棉

贯通轻钢龙骨
纸面石膏板
竖向轻钢龙骨
膨胀螺栓
沿地轻钢龙骨

轻钢龙骨石膏板隔墙节点图

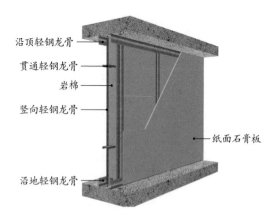

沿顶轻钢龙骨
贯通轻钢龙骨
岩棉
竖向轻钢龙骨
纸面石膏板
沿地轻钢龙骨

轻钢龙骨石膏板隔墙三维示意图

2.3 轻钢龙骨隔墙转角

　　轻钢龙骨隔墙转角处要增加护角，以保证墙角交接的平整牢固。转角交接处墙面板要与龙骨连接牢固，无脱层、翘曲、折裂及缺损。做法如图所示：

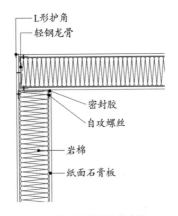

L形护角
轻钢龙骨
密封胶
自攻螺丝
岩棉
纸面石膏板

轻钢龙骨隔墙转角节点图

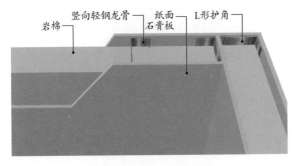

岩棉　竖向轻钢龙骨　纸面石膏板　L形护角

轻钢龙骨隔墙转角三维示意图

2.4 轻钢龙骨石膏板导向墙隔墙

要求石膏板无脱层、翘曲、折裂、缺棱掉角等缺陷。轻钢龙骨骨架安装必须牢固，无松动，位置准确，骨架应顺直，无弯曲、变形和劈裂。导向墙浇筑过程中对模板支撑进行观察，发现变形及时处理，确保导向墙的位置准确。做法如图所示：

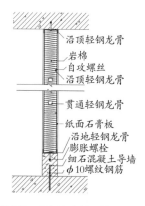

沿顶轻钢龙骨
岩棉
自攻螺丝
沿顶轻钢龙骨

贯通轻钢龙骨

纸面石膏板
沿地轻钢龙骨
膨胀螺栓
细石混凝土导墙
ϕ10螺纹钢筋

轻钢龙骨石膏板导向墙隔墙节点图

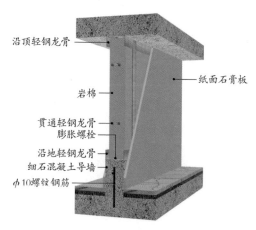

沿顶轻钢龙骨

纸面石膏板

岩棉

贯通轻钢龙骨
膨胀螺栓
沿地轻钢龙骨
细石混凝土导墙
ϕ10螺纹钢筋

轻钢龙骨石膏板导向墙隔墙三维示意图

轻钢龙骨墙体硬包墙面

施工流程：基层或底板处理→吊直、套方、找规矩、弹线→计算用料截面料→粘贴面料→安装贴面或装饰边线→修整硬包墙面。做法如图所示：

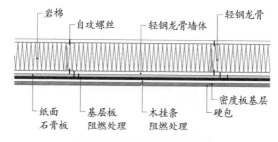

轻钢龙骨墙体硬包墙面节点图

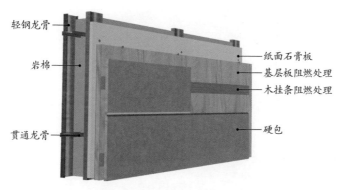

轻钢龙骨墙体硬包墙面三维示意图

2.6 轻钢龙骨墙体软包墙面

表面面料平整，经纬线顺直，色泽一致，无污染，压条无错台、错位。单元尺寸正确，松紧适度，面层挺秀，棱角方正，周边弧度一致，填充饱满，平整无褶皱，无污染，接缝严密。做法如图所示：

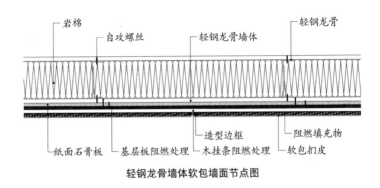

岩棉　自攻螺丝　轻钢龙骨墙体　轻钢龙骨

造型边框　阻燃填充物

纸面石膏板　基层板阻燃处理　木挂条阻燃处理　软包扣皮

轻钢龙骨墙体软包墙面节点图

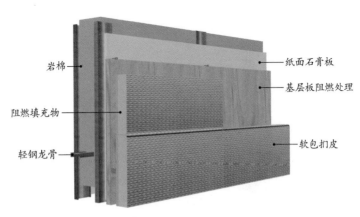

岩棉　纸面石膏板

基层板阻燃处理

阻燃填充物

轻钢龙骨　软包扣皮

轻钢龙骨墙体软包墙面三维示意图

2.7 轻钢龙骨墙体木饰面粘贴墙面

　　分出不同色泽、纹理，按要求下料、试拼，将色泽相同或相近、木纹一致的饰面板拼装在一起，木纹对接要自然协调，毛边不整齐的板材应将四边修正刨平，微薄板应先做基层板，然后再粘贴，饰面板应在背面刷三遍防火漆，同时下料前必须用油漆封底，避免开裂，便于清洁，施工时避免表面摩擦、局部受力，严禁锤击。做法如图所示：

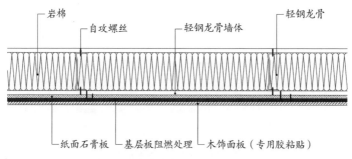

轻钢龙骨墙体木饰面粘贴墙面节点图

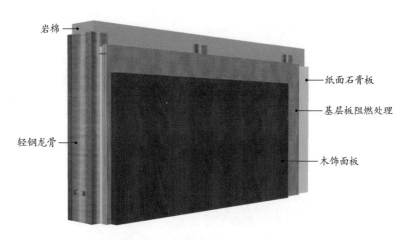

轻钢龙骨墙体木饰面粘贴墙面三维示意图

2.8 轻钢龙骨墙体木饰面挂板

　　木饰面挂板材料表面平整光滑，木纹清晰，具有良好的材质和色泽。木挂条要进行防腐、防蛀、防火处理。做法如图所示：

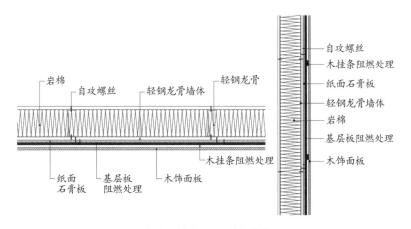

轻钢龙骨墙体木饰面挂板节点图

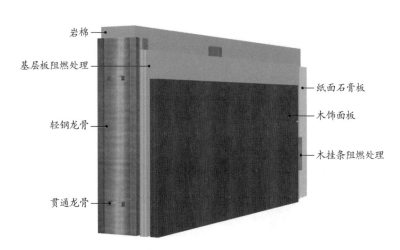

轻钢龙骨墙体木饰面挂板三维示意图

2.9 轻钢龙骨墙体金属挂板

　　轻钢龙骨墙体金属挂板安装面板时，要轻轻安装，随即用压条压紧，安装一块，清理一块，拉线控制平整度、平直度。确保板块安装无误后，安装压条盖，做到压紧、牢固。金属板缝高低差不大于1mm，表面平整度2mm以内，四周水平±5mm。做法如图所示：

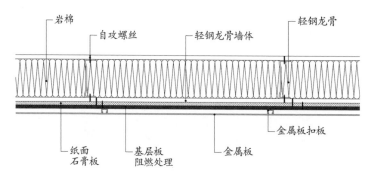

轻钢龙骨墙体金属挂板节点图

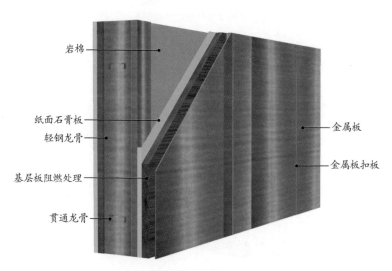

轻钢龙骨墙体金属挂板三维示意图

2.10 轻钢龙骨墙体金属板粘贴墙面

轻钢龙骨墙体金属板粘贴墙面表面质量为：表面半整、洁净、色泽均匀，无划痕、翘曲，无波形折光，收口条割角整齐，搭接严密无缝隙。金属墙板接头、接缝平整，接头位置相互错开，严密无缝隙和错台、错位，接缝平直、宽窄一致，板与收口条搭接严密。做法如图所示：

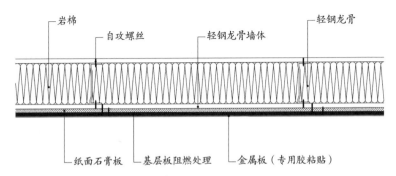

轻钢龙骨墙体金属板粘贴墙面节点图

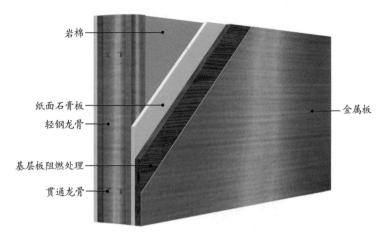

轻钢龙骨墙体金属板粘贴墙面三维示意图

2.11 轻钢龙骨墙体玻璃粘贴墙面

　　玻璃镜面直接与建筑基面安装时，如其基面不平整，应重新批灰抹平，安装前应在玻璃镜面背面粘贴牛皮纸保护层。安装完毕，应清洁玻璃镜面，必要时在镜面覆加保护层，以防损坏。做法如图所示：

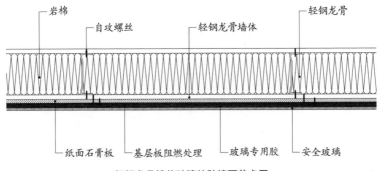

轻钢龙骨墙体玻璃粘贴墙面节点图

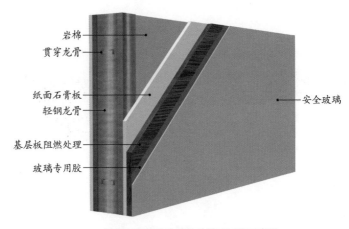

轻钢龙骨墙体玻璃粘贴墙面三维示意图

2.12 轻钢龙骨墙体门安装

　　轻钢龙骨墙体中门洞口部位应增加加强龙骨，加强龙骨应安装牢固、位置准确。隔墙龙骨必须与墙体结构连接牢固，且应平整、垂直、位置正确。施工方法如图所示：

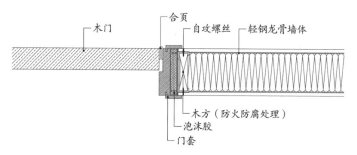

轻钢龙骨墙体门安装节点图

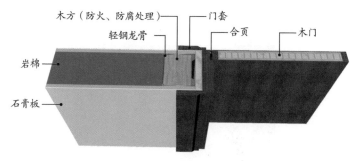

轻钢龙骨墙体门安装三维示意图

2.13 纸面石膏板基层乳胶涂料

第二遍面漆应在上一遍面漆完全干后进行，至少间隔2h以上。乳胶漆施工室温应在5℃以上，同时密闭门窗，减少空气流通，涂刷完2h后方可开窗通气。检查无透底、流坠，无明显刷痕及裂缝。做法如图所示：

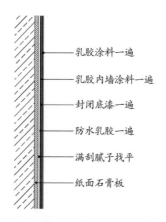

乳胶涂料一遍
乳胶内墙涂料一遍
封闭底漆一遍
防水乳胶一遍
满刮腻子找平
纸面石膏板

纸面石膏板基层乳胶涂料节点图

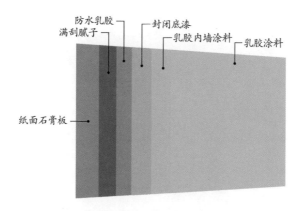

防水乳胶
满刮腻子
封闭底漆
乳胶内墙涂料
乳胶涂料
纸面石膏板

纸面石膏板基层乳胶涂料三维示意图

纸面石膏板基层壁纸铺贴

施工流程：清扫基层、填补缝隙→石膏板面接缝处贴接缝带、补腻子、磨砂纸→满刮腻子、磨平→涂刷防潮剂→涂刷底胶→墙面弹线→壁纸浸水→壁纸、基层涂刷粘结剂→墙纸裁纸、刷胶→上墙裱贴、拼缝、搭接、对花→赶压胶粘剂气泡→擦净胶水→修整。做法如图所示：

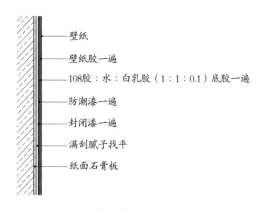

纸面石膏板基层壁纸铺贴节点图

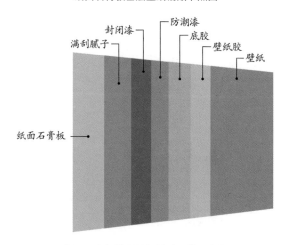

纸面石膏板基层壁纸铺贴三维示意图

2.15 装饰贴膜墙面

　　装饰贴膜是一种强韧柔软的特殊贴膜。在表面印刷出木纹、石纹、金属、抽象图案等，颜色、质感种类丰富。通过反面冷覆的胶粘剂，可以贴到金属、石膏、木材等各种基层上。做法如图所示：

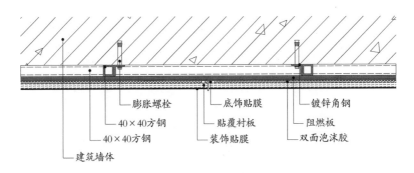

膨胀螺栓　　　　　底饰贴膜　　　　　镀锌角钢
40×40方钢　　　　贴覆衬板　　　　　阻燃板
40×40方钢　　　　装饰贴膜　　　　　双面泡沫胶
建筑墙体

装饰贴膜墙面节点图

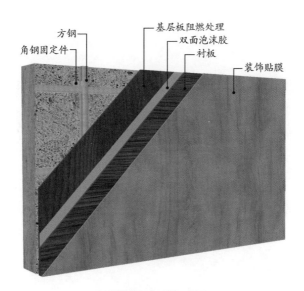

方钢　　　　　基层板阻燃处理
角钢固定件　　　双面泡沫胶
　　　　　　　衬板
　　　　　　　装饰贴膜

装饰贴膜墙面三维示意图

2.16 硬包墙面

硬包工程表面应平整、洁净，无凹凸不平及皱折，图案应清晰、无色差，整体应协调美观。硬包边框应平整、顺直、接缝吻合。做法如图所示：

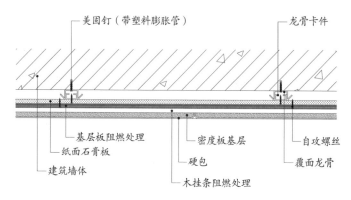

硬包墙面节点图

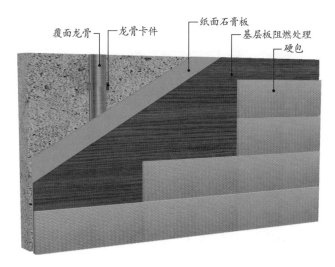

硬包墙面三维示意图

2.17 软包墙面

施工流程：基层或底板处理→吊直、套方、找规矩、弹线→计算用料、套裁面料→粘贴面料→安装贴面或装饰边线、刷镶边油漆→软包墙面。做法如图所示：

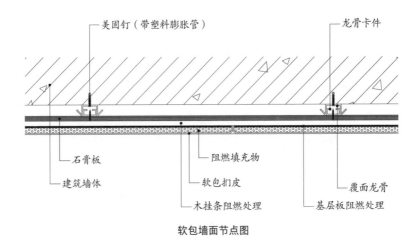

软包墙面节点图

软包墙面三维示意图

2.18 干挂石材墙面

施工流程：石材验收→石材表面处理及开槽→测量放线→安装钢构件→底层石材安装→上层石材安装（整体安装完毕）→密封填缝→清理。做法如图所示：

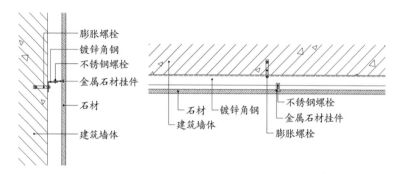

干挂石材墙面节点图

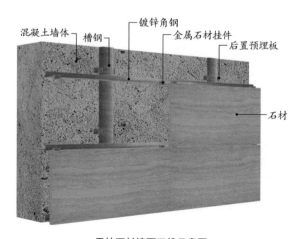

干挂石材墙面三维示意图

2.19 干挂石材阳角墙面

　　石材干挂的施工方法是以金属挂件将饰面石材直接吊挂于墙面或空挂于钢架之上，不需要再灌浆粘贴。其原理是在主体结构上设主要受力点，通过金属挂件将石材固定在建筑物上，形成石材装饰。做法如图所示：

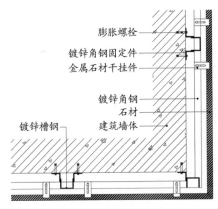

膨胀螺栓
镀锌角钢固定件
金属石材干挂件
镀锌角钢
石材
建筑墙体
镀锌槽钢

干挂石材阳角墙面节点图

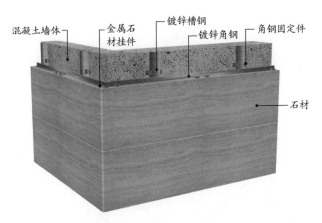

混凝土墙体　金属石材挂件　镀锌槽钢　镀锌角钢　角钢固定件

石材

干挂石材阳角墙面三维示意图

2.20 干挂石材阴角墙面

　　检查有无破碎、缺棱、掉角、暗痕、裂纹、局部污染、表面洼坑、麻点、风化并进行边角垂直和平整度测量，对存有明显上述缺陷和隐伤的石材要挑出，单独码放，不得使用。做法如图所示：

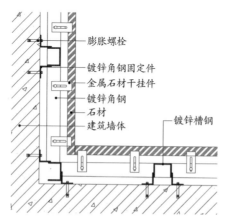

膨胀螺栓
镀锌角钢固定件
金属石材干挂件
镀锌角钢
石材
建筑墙体
镀锌槽钢

干挂石材阴角墙面节点图

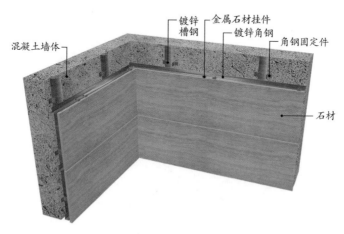

镀锌槽钢
金属石材挂件
镀锌角钢
角钢固定件
混凝土墙体
石材

干挂石材阴角墙面三维示意图

2.21 干挂石材包柱

　　石材圆柱圆弧板的加工分为等弧切割法和等厚切割法两种，花岗石圆弧板壁厚的最小值应不小于25mm。圆弧板的安装宜采用干挂法安装，金属干挂件厚度不应小于5mm，并宜采用交叉式T形金属挂件。施工方法如图所示：

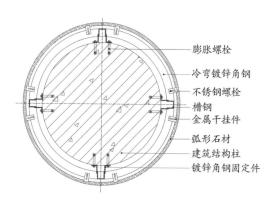

膨胀螺栓
冷弯镀锌角钢
不锈钢螺栓
槽钢
金属干挂件
弧形石材
建筑结构柱
镀锌角钢固定件

干挂石材包柱节点图

建筑构造柱
槽钢
角钢固定件
冷弯角钢
金属干挂件
弧形石材

干挂石材包柱三维示意图

2.22 干挂石材墙面消防箱

为了满足消火栓门左右开启的需要，消火栓箱门两侧的竖向龙骨侧边可同样偏离石材饰面竖向分缝线20mm，消火栓钢门轴在现场安装时应按图纸设计尺寸准确定位。施工方法如图：

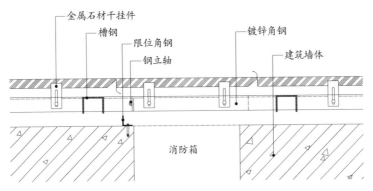

干挂石材墙面消防箱节点图

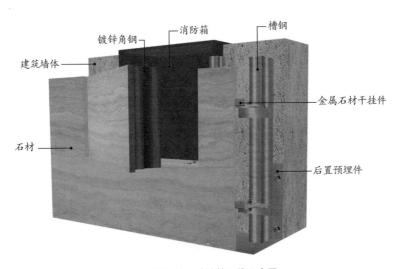

干挂石材墙面消防箱三维示意图

2.23 干挂石材墙面与门交接

石材安装顺序一般由下往上逐层施工。石材墙面宜先安装主墙面，门洞口侧宜先安装侧边短板，以免操作困难。做法如图所示：

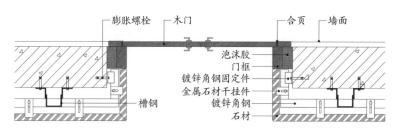

干挂石材墙面与门交接节点图

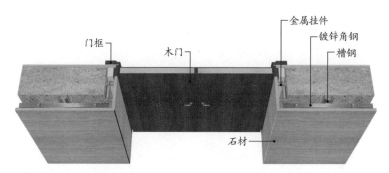

干挂石材墙面与门交接三维示意图

2.24 石材墙面防火卷帘轨道槽

施工时应对防火卷帘竖轨中心线进行精确统一放线。要求竖轨安装垂直偏差不大于1.0mm，竖轨与结构主体之间的空隙应采用防火材料封堵严密。此处耐火极限应与防火卷帘一致。做法如图所示：

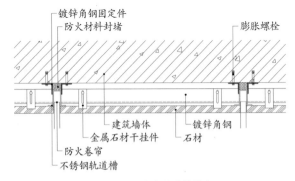

石材墙面防火卷帘轨道槽节点图

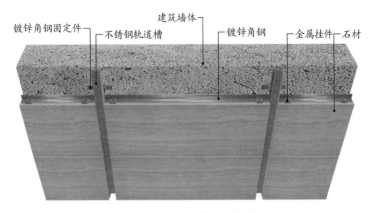

石材墙面防火卷帘轨道槽三维示意图

2.25 轻质墙体石材干挂

　　清理预做饰面石材的结构表面，同时进行吊直、套方、找规矩，弹出垂直线和水平线，并弹出安装石材的位置线和分块线。预埋钢板用膨胀螺栓固定在建筑物的混凝土结构上，一定要挂在牢固、准确、不易碰动的地方。做法如图所示：

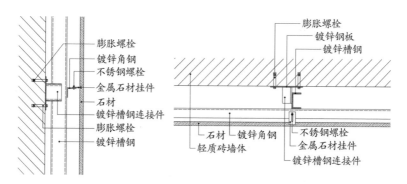

轻质墙体石材干挂节点图

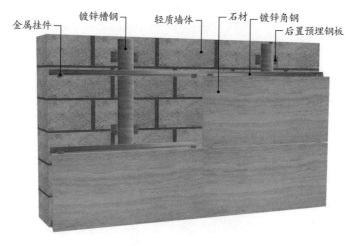

轻质墙体石材干挂三维示意图

2.26 钢架石材隔墙

施工流程：施工准备→测量放线→验线→预埋钢板安装→石材钢架基层焊接→隐蔽工程验收→石材安装→板缝处理。做法如图所示：

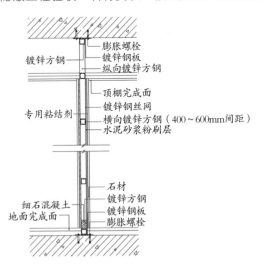

膨胀螺栓
镀锌钢板
纵向镀锌方钢

镀锌方钢

顶棚完成面
镀锌钢丝网
横向镀锌方钢（400~600mm间距）
水泥砂浆粉刷层

专用粘结剂

石材
镀锌方钢
镀锌钢板
膨胀螺栓

细石混凝土
地面完成面

钢架石材隔墙节点图

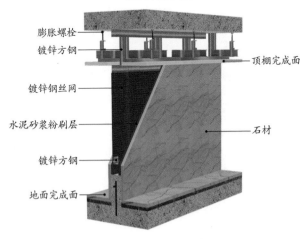

膨胀螺栓
镀锌方钢
顶棚完成面

镀锌钢丝网
水泥砂浆粉刷层
石材

镀锌方钢

地面完成面

钢架石材隔墙三维示意图

2.27 陶瓷墙砖粘贴墙面

施工流程：清洁墙体基底→刷界面剂→聚合物砂浆找平→贴陶瓷墙砖→嵌缝剂填缝→修整清理。做法如图所示：

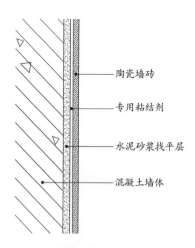

陶瓷墙砖
专用粘结剂
水泥砂浆找平层
混凝土墙体

陶瓷墙砖粘贴墙面节点图

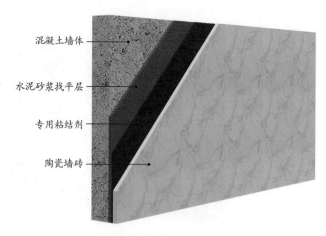

混凝土墙体
水泥砂浆找平层
专用粘结剂
陶瓷墙砖

陶瓷墙砖粘贴墙面三维示意图

2.28 木饰面挂板

　　在已制作好的木作基层上弹出水平标高线、分格线，检查木基层表面平整和立面垂直、阴阳角套方。木基层所选用的骨架料必须烘干，应选用优质胶合板，其平整度、胶着力必须符合要求。做法如图所示：

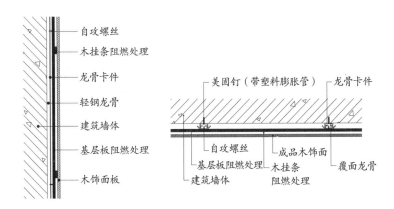

木饰面挂板节点图

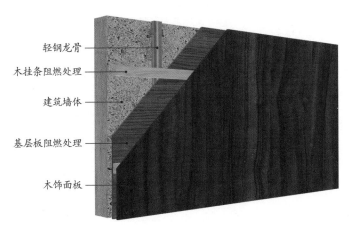

木饰面挂板三维示意图

木饰面粘贴墙面

面板固定可采用粘贴的方法，并在粘贴后用钉子临时固定，待面板粘贴牢固后，再将钉子起出。面板固定也可以直接采用钉子，但要将钉帽敲扁，顺着面板木纹将钉子钉入板内0.5～1.0mm，然后用同样颜色的油性腻子将钉眼抹平，为使面板固定牢靠，所用钉子的长度应为面板厚度的2.0～2.5倍。做法如图所示：

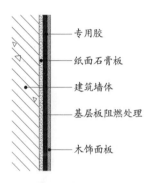

专用胶

纸面石膏板

建筑墙体

基层板阻燃处理

木饰面板

木饰面粘贴墙面节点图

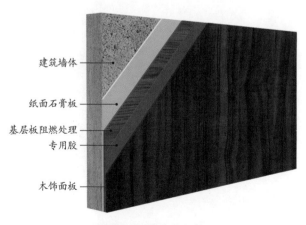

建筑墙体

纸面石膏板

基层板阻燃处理

专用胶

木饰面板

木饰面粘贴墙面三维示意图

2.30　干挂金属板

金属装饰板是采用金属板为基材，经过加工成型后，表面喷涂装饰性涂料的一种装饰材料。具有耐久性佳、防水、防火、防蛀、加工性能好、易于施工和维护等特点。做法如图所示：

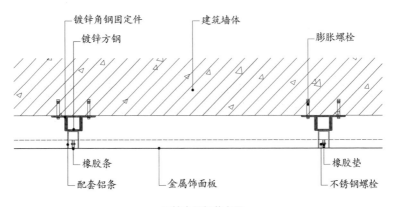

干挂金属板节点图

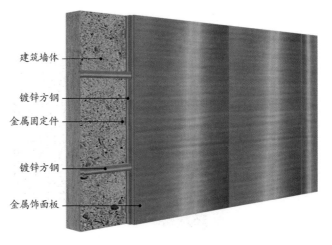

干挂金属板三维示意图

2.31　金属板粘贴墙面

　　墙面应满涂防污剂，防水材料依据设计需要而定，采用干水泥擦缝。地面垫层厚度应不小于80mm。做法如图所示：

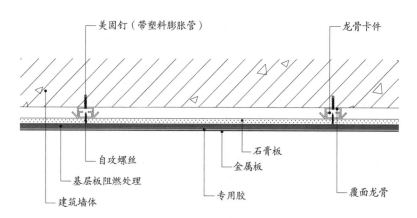

金属板粘贴墙面节点图

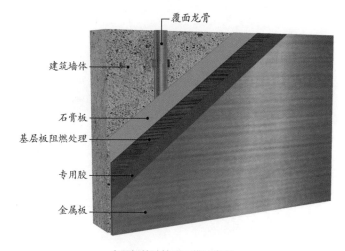

金属板粘贴墙面三维示意图

2.32　干粘玻璃

　　施工流程：墙面定位弹线→钻孔安装角钢固定件→固定竖向龙骨→固定横向龙骨→安装基层板→粘贴钢化玻璃。做法如图所示：

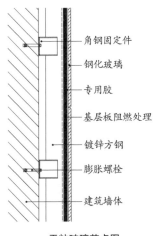

角钢固定件

钢化玻璃

专用胶

基层板阻燃处理

镀锌方钢

膨胀螺栓

建筑墙体

干粘玻璃节点图

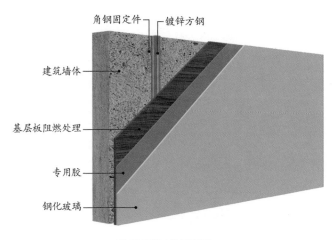

角钢固定件　镀锌方钢

建筑墙体

基层板阻燃处理

专用胶

钢化玻璃

干粘玻璃三维示意图

2.33 玻璃粘贴墙面

　　安装好的玻璃应平整、牢固，不得有松动现象。密封胶与玻璃、玻璃槽口的边缘应粘接牢固，接缝整齐、均匀、平直、密实。竣工后的玻璃表面应洁净无污物。做法如图所示：

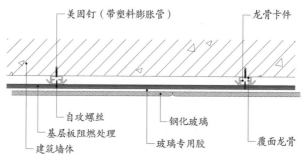

玻璃粘贴墙面节点图

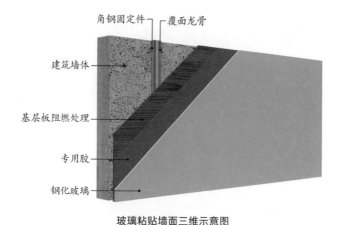

玻璃粘贴墙面三维示意图

玻璃全部就位，校正平整度、垂直度，同时用聚苯乙烯泡沫嵌条嵌入槽口内，使玻璃与金属槽接合平伏、紧密，然后打硅酮结构胶。将结构胶均匀注入缝隙中，注满之后随即用塑料片在厚玻璃的两面刮平玻璃胶，并清洁溢到玻璃表面的胶迹。做法如图所示：

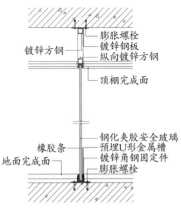

膨胀螺栓
镀锌钢板
镀锌方钢
纵向镀锌方钢

顶棚完成面

钢化夹胶安全玻璃
橡胶条
预埋U形金属槽
地面完成面
镀锌角钢固定件
膨胀螺栓

玻璃隔墙节点图

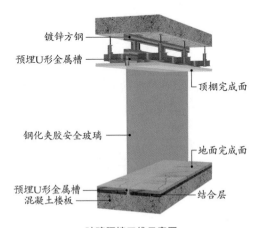

镀锌方钢
预埋U形金属槽

顶棚完成面

钢化夹胶安全玻璃

地面完成面

预埋U形金属槽
混凝土楼板
结合层

玻璃隔墙三维示意图

2.35 点挂玻璃

本施工节点图适用于钢筋混凝土墙体。如在轻质隔墙墙体施工时，则竖向钢龙骨应与结构楼板（梁）顶、底及混凝土圈梁固定，钢龙骨用料大小需经结构计算，所有钢龙骨需做防锈处理。做法如图所示：

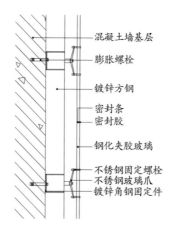

混凝土墙基层
膨胀螺栓
镀锌方钢
密封条
密封胶
钢化夹胶玻璃
不锈钢固定螺栓
不锈钢玻璃爪
镀锌角钢固定件

点挂玻璃节点图

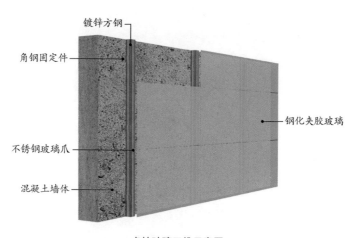

镀锌方钢
角钢固定件
不锈钢玻璃爪
混凝土墙体
钢化夹胶玻璃

点挂玻璃三维示意图

2.36 GRG/GRC挂板

　　GRG/GRC挂板强度高、质量轻、不变形、表面光滑、装饰效果佳、方便施工、损耗低、防火、防水、环保，具有良好的声学性能，能和各种涂料及面饰材料很好地粘接，形成极佳的装饰效果，并且环保安全。做法如图所示：

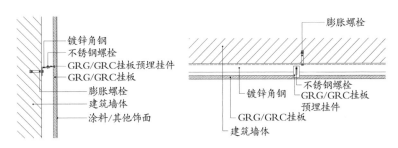

GRG/GRC挂板节点图

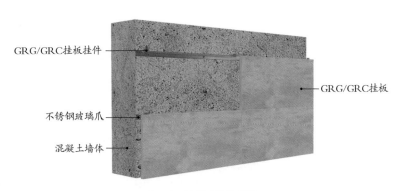

GRG/GRC挂板三维示意图

2.37 硅酸钙板基层陶瓷墙砖粘贴墙面

选择粘结剂的依据是看陶瓷砖的吸水率，根据相应的吸水率选择配套的粘结剂是能否粘牢的关键。先粘墙面砖，后粘阴角及阳角，最后粘顶角。做法如图所示：

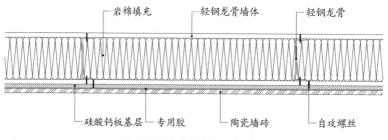

硅酸钙板基层陶瓷墙砖粘贴墙面节点图

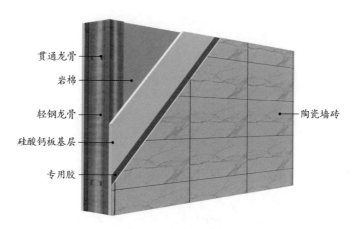

硅酸钙板基层陶瓷墙砖粘贴墙面三维示意图

2.38 胶合板基层乳胶涂料

　　涂刷过程中如需停顿，需将刷子或滚筒及时浸泡在涂料或清水中，涂刷完成后立即用清水洗净所有用具，阴干待用。最后，应在聚酯漆完工后再做面漆，以防乳胶漆泛黄。做法如图所示：

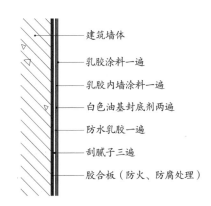

建筑墙体

乳胶涂料一遍

乳胶内墙涂料一遍

白色油基封底剂两遍

防水乳胶一遍

刮腻子三遍

胶合板（防火、防腐处理）

胶合板基层乳胶涂料施工节点图

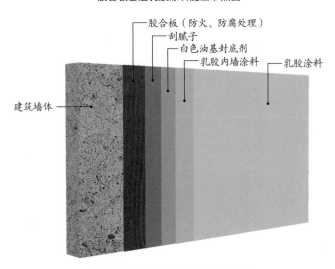

胶合板（防火、防腐处理）

刮腻子

白色油基封底剂

乳胶内墙涂料

乳胶涂料

建筑墙体

胶合板基层乳胶涂料施工三维示意图

2.39 胶合板基层壁纸铺贴

表面应平整，无波纹起伏。壁纸、墙布与贴脸板和踢脚板紧接，不得有缝隙。各幅拼接横平竖直，拼接处花纹、图案吻合，不离缝，不搭接，距墙面1.5m处正视不显拼缝。壁纸墙布边缘平直整齐，不得有纸毛、飞纤。阳角不准留缝，阴角面要垂直挺括，壁纸贴好后应检查是否粘贴牢固、表面颜色是否一致，不得有气泡、空鼓、裂缝、翘边、皱折和斑污，1.5m远斜视无胶迹，预留电气孔洞大小合适。做法如图所示：

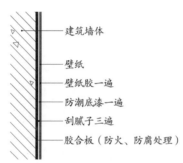

建筑墙体
壁纸
壁纸胶一遍
防潮底漆一遍
刮腻子三遍
胶合板（防火、防腐处理）

胶合板基层壁纸铺贴节点图

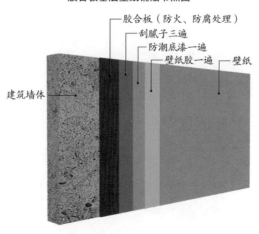

胶合板（防火、防腐处理）
刮腻子三遍
防潮底漆一遍
壁纸胶一遍
壁纸
建筑墙体

胶合板基层壁纸铺贴三维示意图

2.40 混凝土基层乳胶涂料

乳胶涂料施工：底漆一遍，面漆两遍。涂刷底漆之后，用底漆调腻子找补，打磨后方能上面漆。乳胶漆与线条及开关面板的收口必须严密、平整，不得漏缝未刷及污染线条。做法如图所示：

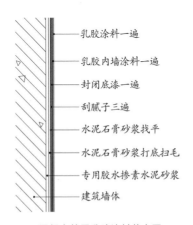

乳胶涂料一遍
乳胶内墙涂料一遍
封闭底漆一遍
刮腻子三遍
水泥石膏砂浆找平
水泥石膏砂浆打底扫毛
专用胶水掺素水泥砂浆
建筑墙体

混凝土基层乳胶涂料节点图

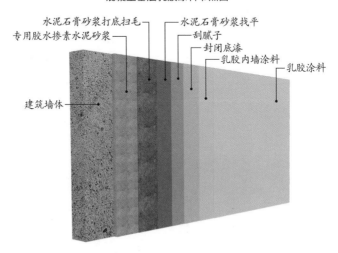

水泥石膏砂浆打底扫毛
专用胶水掺素水泥砂浆
水泥石膏砂浆找平
刮腻子
封闭底漆
乳胶内墙涂料
乳胶涂料
建筑墙体

混凝土基层乳胶涂料三维示意图

2.41 混凝土基层壁纸铺贴

为了使壁纸与墙面结合，提高粘结力，裱糊的基层同时刷胶粘剂一遍，壁纸即可以上墙裱糊。壁纸可采取纸面对折上墙。裱糊时，纸幅要垂直，先对花、对纹、拼缝，然后用薄钢刮板由上而下赶压，由拼缝开始，向外、向下按顺序赶平、压实。挤出的多余的胶粘剂要及时抹净，以保持整洁。做法如图所示：

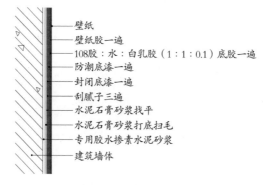

壁纸
壁纸胶一遍
108胶：水：白乳胶（1：1：0.1）底胶一遍
防潮底漆一遍
封闭底漆一遍
刮腻子三遍
水泥石膏砂浆找平
水泥石膏砂浆打底扫毛
专用胶水掺素水泥砂浆
建筑墙体

混凝土基层壁纸铺贴节点图

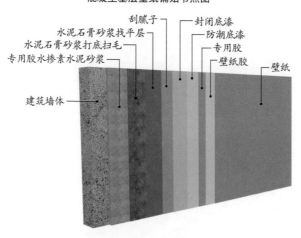

刮腻子
水泥石膏砂浆找平层
水泥石膏砂浆打底扫毛
专用胶水掺素水泥砂浆
封闭底漆
防潮底漆
专用胶
壁纸胶
壁纸
建筑墙体

混凝土基层壁纸铺贴三维示意图

第 **3** 章

地面的基本构造
与施工工艺

室内装饰装修中的地面装饰起到对地坪的保护作用，是室内装饰装修中的一个重要组成部分。按不同用途的使用要求，地面装饰应具有耐磨、防水、防滑、易于清洁等特点，还需具有一定的隔声、保温、阻燃、舒适等使用效果。

　　室内地面的装饰装修施工工艺主要有：地砖的铺贴施工工艺、石材铺贴施工工艺、木地板施工工艺、自流平及地坪漆施工工艺等。

3.1 自流平地面

　　自流平地面材料是一种以无机胶凝材料为基材，与超塑剂等外加剂复合而成的建筑楼地面面层或找平层的建筑材料。施工方法如图所示：

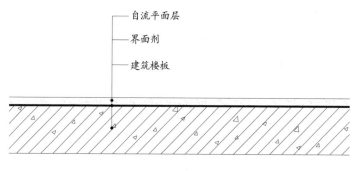

自流平地面节点图

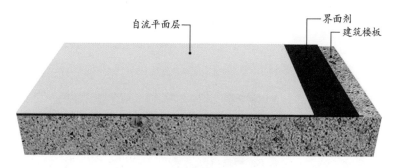

自流平地面三维示意图

3.2 水泥基自流平地面

水泥基自流平砂浆由水泥基胶凝材料、细石料、填料及添加剂等组成，是与水（或乳液）搅拌后具有流动性，或添加辅助性铺摊就能自流动找平的地面用材料。适用于停车场、图书馆、美术馆、展厅等建筑场所的楼地面的找平层及面层。施工方法如图所示：

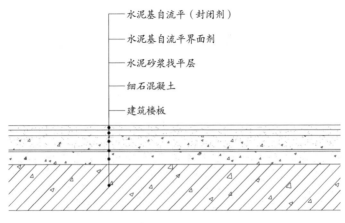

水泥基自流平地面节点图

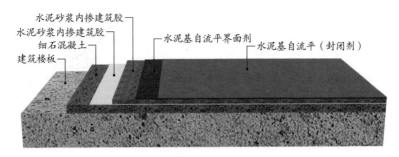

水泥基自流平地面三维示意图

3.3 水磨石地面

施工流程：基层处理→找标高→弹水平线→铺抹找平层砂浆→养护→弹分格线→镶分格条→拌制水磨石拌合料→涂刷水泥浆结合层→铺水磨石拌合料→滚压、抹平→试磨→粗磨→细磨→磨光→草酸清洗→打蜡上光。做法如图所示：

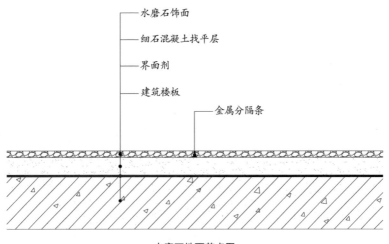

水磨石地面节点图

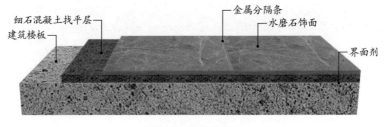

水磨石地面三维示意图

3.4 石材地面

石材均应按品种及规格架空支垫，侧立存放，有裂纹和缺角的不可使用。在顶棚、墙面抹灰后进行，先铺地面，后安装踢脚。做法如图所示：

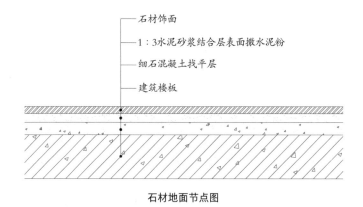

石材饰面
1:3水泥砂浆结合层表面撒水泥粉
细石混凝土找平层
建筑楼板

石材地面节点图

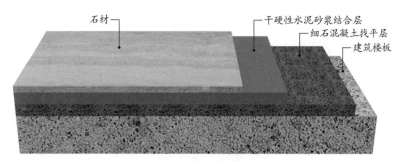

石材
干硬性水泥砂浆结合层
细石混凝土找平层
建筑楼板

石材地面三维示意图

3.5 平铺木地板

　　木地板具有弹性良好、脚感舒适、自然美观的特点。一般木地板也存在天然缺陷：易虫蛀、易燃，具有膨胀、变形等特性。因此，使用木地板时要注意采取防蛀、防腐、防火和通风措施。做法如图所示：

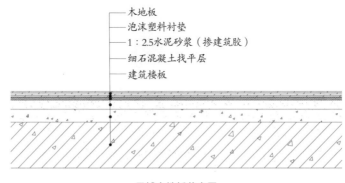

　　　　　　木地板
　　　　　　泡沫塑料衬垫
　　　　　　1：2.5水泥砂浆（掺建筑胶）
　　　　　　细石混凝土找平层
　　　　　　建筑楼板

平铺木地板节点图

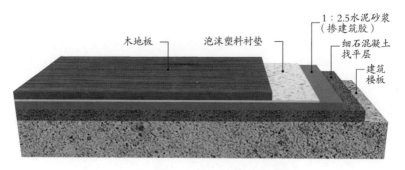

木地板　　泡沫塑料衬垫　　1：2.5水泥砂浆（掺建筑胶）　　细石混凝土找平层　　建筑楼板

平铺木地板三维示意图

3.6 平铺舞台木地板

舞台用木地板分单层、双层两种做法，以松木或杉木为宜。为了防潮效果更好，衬板上应再铺设专用防潮垫层。做法如图所示：

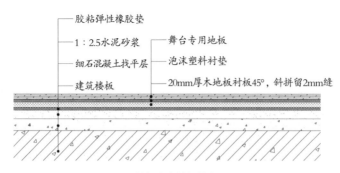

平铺舞台木地板节点图

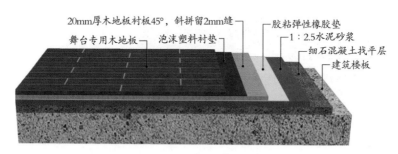

平铺舞台木地板三维示意图

3.7 抛光水泥基自流平地面

　　自流平基层应为混凝土或水泥砂浆层，并应坚固、密实。施工时要求无其他工序干扰，不能间断或停顿。施工完成后的地面应做好成品保护。做法如图所示：

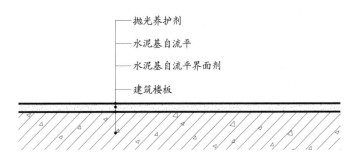

抛光水泥基自流平地面节点图

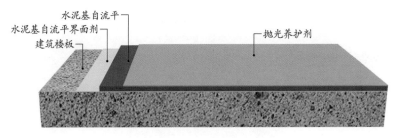

抛光水泥基自流平地面三维示意图

3.8 架空地板

架空地板主要是由地板和格栅两部分组成，在设置的时候首先要将格栅架空，不让它与地面接触，这样才能够使地板有足够的空间进行设置，也可以让下方有足够的安装空间，方便通风保持干燥。做法如图所示：

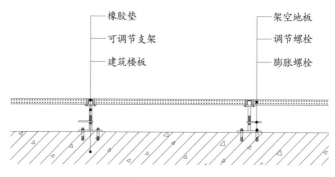

架空地板节点图

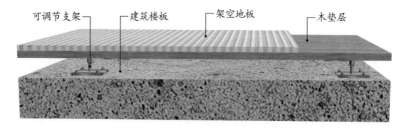

架空地板三维示意图

3.9 架空木地板

相对于平铺式木地板的铺设方法，架空铺设的木地板可获得更好的脚感和舒适度。架空式木地板铺设过程中根据使用地区可在架空层放置驱虫药剂以起到驱虫效果。在架空层与木地板表层之间也可加增衬板以获得更好的脚感和表面平整度。做法如图所示：

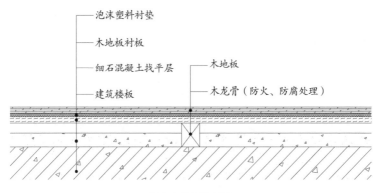

架空木地板节点图

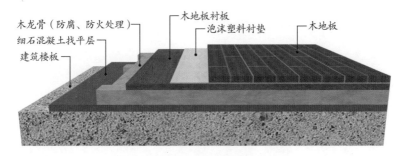

架空木地板三维示意图

环氧地坪漆地面

环氧地坪漆地面具有防滑、耐重压、耐磨损、耐冲击、耐油污、无缝防菌的特性。适用于汽车制造厂、机械厂、五金工厂、食品厂、学校、汽车修理厂、停车场等地面。施工工艺：依据地面状况做好打磨、修补、除污、除尘；用渗透性及附着力特强的底漆滚涂一道，增强表面附着力；将环氧双组加入石英砂，用镘刀将其均匀涂布多道；用环氧面漆滚涂两道；地坪投入使用时间以25℃为准，24h后方可上人，72h后方可重压。做法如图所示：

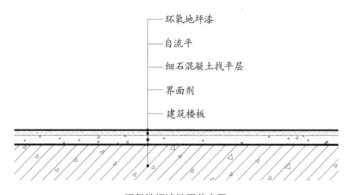

环氧地坪漆地面节点图

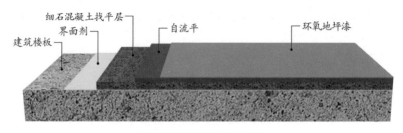

环氧地坪漆地面三维示意图

3.11 夯土基层水泥基自流平地面

夯土基层要彻底清除基层表面存在的浮浆、污渍、松散物等一切可能影响粘接的材料，充分开放基层表面，要求清洁、干燥坚固的基层后，按水泥基自流平施工要求进行施工。做法如图所示：

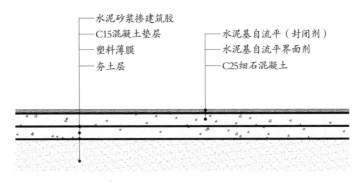

水泥砂浆掺建筑胶
C15混凝土垫层
塑料薄膜
夯土层

水泥基自流平（封闭剂）
水泥基自流平界面剂
C25细石混凝土

夯土基层水泥基自流平地面节点图

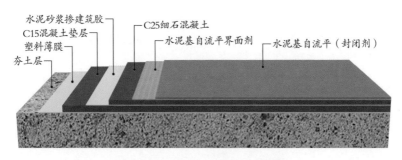

水泥砂浆掺建筑胶
C15混凝土垫层
塑料薄膜
夯土层

C25细石混凝土
水泥基自流平界面剂

水泥基自流平（封闭剂）

夯土基层水泥基自流平地面三维示意图

3.12 PVC地板地面

PVC地板是以聚氯乙烯及其共聚树脂为主要原料，加入填料、增塑剂、稳定剂、着色剂等辅料，在片状连续基材上，经涂敷工艺，或经压延、挤出或挤压工艺生产的。具有脚感舒适、花色图案多、耐磨、耐污染、易清洁保养、安装快捷等特点。做法如图所示：

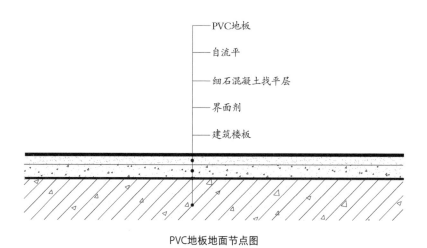

PVC地板地面节点图

PVC地板地面三维示意图

3.13 玻璃地坪地面

　　玻璃地坪施工要求基层表面平整、光洁、不起尘土。安装前将玻璃擦干净，根据房间尺寸和设备布置等情况找中、套方、分格、定位弹线。玻璃地坪安装完后行走无声响、无摆动、牢固性好。表面清洁、接缝均匀、周边顺直，板块无裂纹、掉角和缺棱等现象。各种面层邻接处的边角整齐、光滑。做法如图所示：

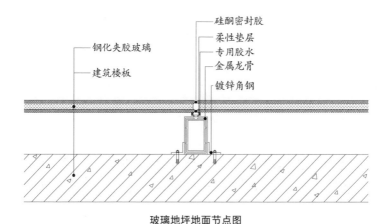

玻璃地坪地面节点图

玻璃地坪地面三维示意图

3.14 满铺地毯地面

　　地毯是对软性铺地织物的总称，具有保温、吸声、隔声等作用，且质地柔软、脚感舒适、色彩、图案丰富，是一种高级的地面装饰材料。施工方法如图所示：

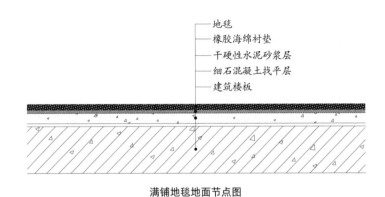

地毯
橡胶海绵衬垫
干硬性水泥砂浆层
细石混凝土找平层
建筑楼板

满铺地毯地面节点图

干硬性水泥砂浆层
细石混凝土找平层
建筑楼板

地毯　橡胶海绵衬垫

满铺地毯地面三维示意图

3.15 防腐木地面

防腐木地板在室外装修中有着较为突出的作用，具有很好的防腐、防虫、耐用等特点，对于室外装修需要铺设地板的地方是一个不二之选。铺设方法：龙骨在地面找平可连接成框架或井字架结构，然后再铺设防腐木。做法如图所示：

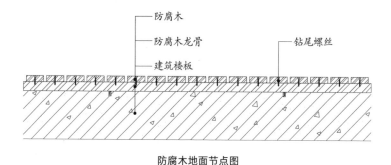

防腐木地面节点图

防腐木地面三维示意图

3.16 石材防水楼面

石材应满涂防污剂，防水材料依设计需要而定，采用干水泥擦缝。地面垫层厚度应不小于80mm。做法如图所示：

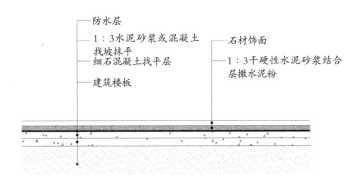

防水层
1：3水泥砂浆或混凝土找坡抹平
细石混凝土找平层
建筑楼板

石材饰面
1：3干硬性水泥砂浆结合层撒水泥粉

石材防水楼面节点图

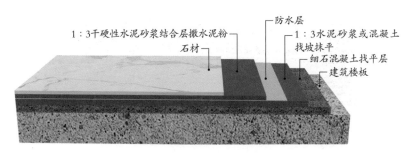

1：3干硬性水泥砂浆结合层撒水泥粉
石材
防水层
1：3水泥砂浆或混凝土找坡抹平
细石混凝土找平层
建筑楼板

石材防水楼面三维示意图

3.17 地毯—过门石—地砖交接

　　地毯表面平整，无皱折、鼓包现象，拼缝平整、密实，在视线范围内不显拼缝，与过门石地面的收口或交接处应顺直，地毯的绒毛应理顺、表面洁净、无油污物等。做法如图所示：

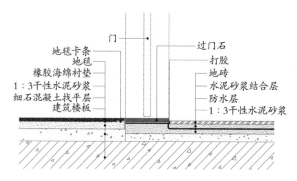

地毯卡条
地毯
橡胶海绵衬垫
1:3干性水泥砂浆
细石混凝土找平层
建筑楼板

门

过门石
打胶
地砖
水泥砂浆结合层
防水层
1:3干性水泥砂浆

地毯—过门石—地砖交接节点图

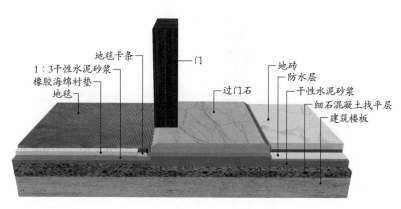

1:3干性水泥砂浆
地毯卡条
橡胶海绵衬垫
地毯
门
过门石

地砖
防水层
干性水泥砂浆
细石混凝土找平层
建筑楼板

地毯—过门石—地砖交接三维示意图

3.18 地毯—过门石—石材交接

地面石材面层的表面应洁净，图案清晰，色泽一致，接缝平整，深浅一致，周边顺直。板块无裂纹、掉角和缺棱等缺陷。石材与过门石、地毯的交接要边角整齐、光滑。做法如图所示：

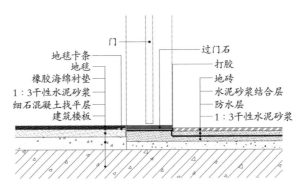

地毯—过门石—石材交接节点图

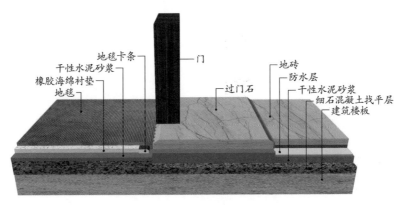

地毯—过门石—石材交接三维示意图

3.19 地毯与瓷砖交接

地毯与瓷砖交接的接缝处应用胶带在地毯背面将地毯粘贴在基层上，要先将接缝处不齐的绒毛修齐，地毯铺设后，用专用撑子将地毯拉紧、张平，铺在倒刺板上。做法如图所示：

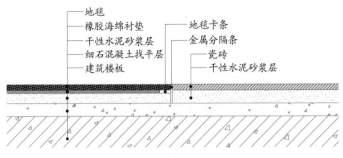

地毯与瓷砖交接节点图

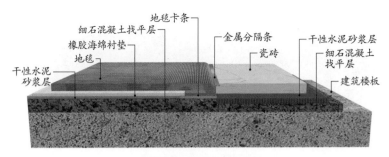

地毯与瓷砖交接三维示意图

3.20 地毯与木地板交接

　　地毯拉伸时伸长率要控制适宜，一般纵向不大于2%，横向不大于1.5%，采用专用的活动金属收边条，采用自攻螺丝固定，可调节木地板的涨缩，起到衔接和收口的作用。做法如图所示：

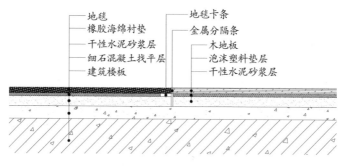

地毯与木地板交接节点图

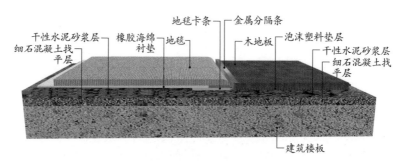

地毯与木地板交接三维示意图

3.21 地毯与石材交接

石材安装完成后，地毯找平的厚度应根据石材完成面的厚度确定，找平完成面高出石材底面2～3mm。将地毯固定到此龙骨上方，地毯边塞入倒刺龙骨与石材间隙处，接缝处采用胶粘剂固定。做法如图所示：

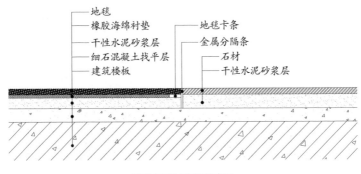

地毯与石材交接节点图

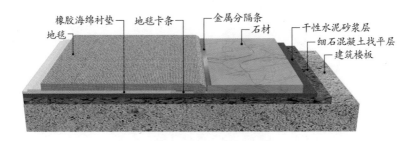

地毯与石材交接三维示意图

3.22 地砖—过门石—地砖交接

　　地砖面层的表面应洁净，图案清晰，色泽一致，接缝平整，深浅一致，周边顺直，无裂纹、掉角和缺棱等缺陷。面层交接处的镶边用料及尺寸应符合设计要求，边角整齐、光滑。有地漏的房间倒坡，必须找标高，弹线时找好坡度，抹灰饼和标筋时，抹出泛水。做法如图所示：

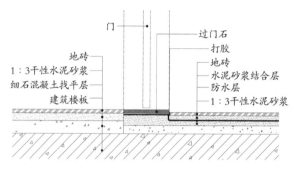

地砖—过门石—地砖交接节点图

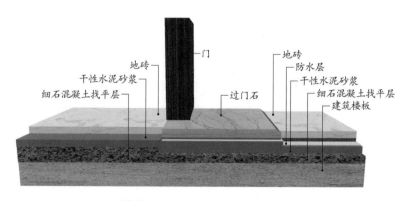

地砖—过门石—地砖交接三维示意图

3.23 地砖—过门石—石材交接

涂刷石材的防护必须待石材的水分干透后方可涂刷。如水分还未干透，工期紧张的情况下，可先刷五面防护剂，待项目完成，石材水分完全蒸发后才做最后一道的正面石材防护剂处理，最后给石材打蜡。石材防护剂的涂刷如果处理得不好，会把水分封存在石材里跑不出来，一旦形成水渍，就非常难处理和修复了。做法如图所示：

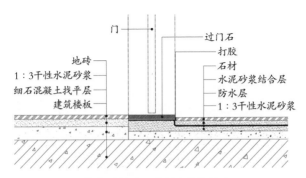

地砖—过门石—石材交接节点图

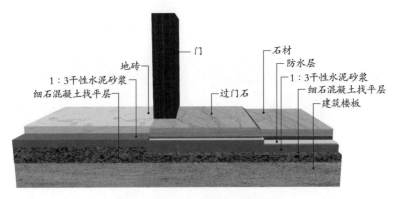

地砖—过门石—石材交接三维示意图

3.24 地砖与PVC地板交接

　　地砖铺装完成后，PVC基底的厚度根据地砖完成面的厚度确定。地砖交接部分的PVC地板裁剪时，材料要用手充分压紧，并与地砖保留一定的距离，预留到嵌缝条能覆盖的位置。做法如图所示：

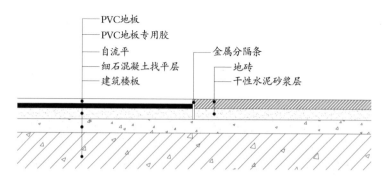

地砖与PVC地板交接节点图

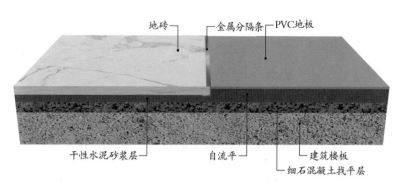

地砖与PVC地板交接三维示意图

3.25 地砖与门垫交接

石材安装完成后，门垫找平的厚度根据石材完成面的厚度确定，以保证除泥板铺贴完成面与地砖完成面高度一致。铺装门垫前要先安装边框。做法如图所示：

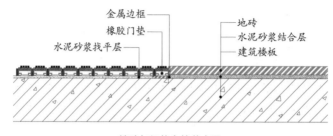

地砖与门垫交接节点图

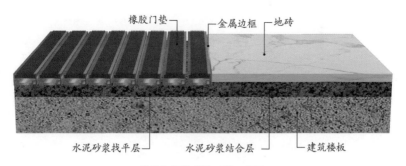

地砖与门垫交接三维示意图

3.26 地砖与木地板交接

地砖安装完成后，木地板基层找平的厚度根据石材完成面的厚度确定，以保证木地板铺贴完成面与地砖完成面高度一致，采用专用的活动金属收边条，用自攻螺丝固定，可调节木地板的涨缩，起到衔接和收口的作用。做法如图所示：

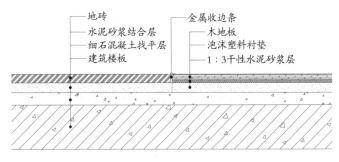

地砖与木地板交接节点图

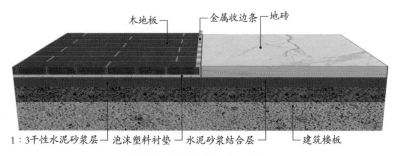

地砖与木地板交接三维示意图

3.27 木地板—过门石—地砖交接

木地板面层图案和颜色应符合设计要求，图案清晰，颜色一致，板面无翘曲。面层的接头位置应错开，缝隙严密，表面洁净。与过门石接缝严密，高度一致。做法如图所示：

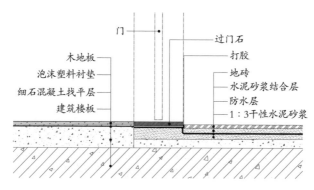

门
过门石
打胶
木地板
泡沫塑料衬垫
细石混凝土找平层
建筑楼板
地砖
水泥砂浆结合层
防水层
1:3干性水泥砂浆

木地板—过门石—地砖交接节点图

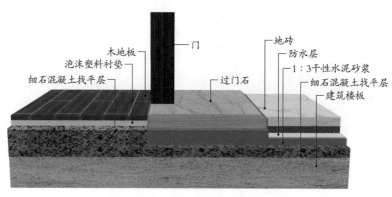

木地板
泡沫塑料衬垫
细石混凝土找平层
门
过门石
地砖
防水层
1:3干性水泥砂浆
细石混凝土找平层
建筑楼板

木地板—过门石—地砖交接三维示意图

3.28 木地板—过门石—石材交接

石材面层的表面应洁净、平整、无磨痕，且应图案清晰，色泽一致，接缝均匀，周边顺直，镶嵌正确，板块无裂纹、掉角、缺棱等缺陷。标高需与木地板一致。做法如图所示：

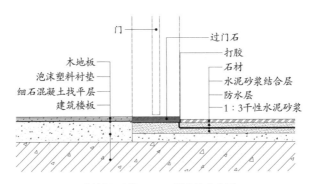

木地板—过门石—石材交接节点图

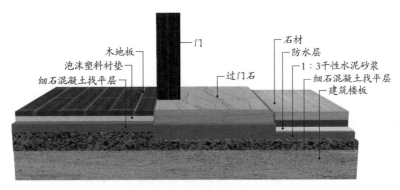

木地板—过门石—石材交接三维示意图

3.29 木地板与石材交接

　　木地板面层图案和颜色应符合设计要求，图案清晰，颜色一致，板面无翘曲。面层的接头位置应错开，缝隙严密，表面洁净。与石材交接处留金属收边条的位置，高度一致。做法如图所示：

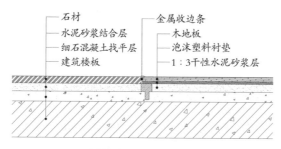

木地板与石材交接节点图

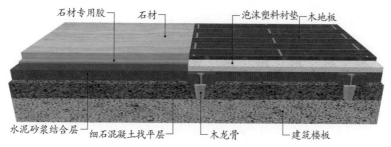

木地板与石材交接三维示意图

3.30 木地板与门垫交接

木地板面层图案和颜色应符合设计要求，图案清晰，颜色一致，板面无翘曲。面层的接头位置应错开，缝隙严密，表面洁净。与门垫交接接缝严密，高度一致。做法如图所示：

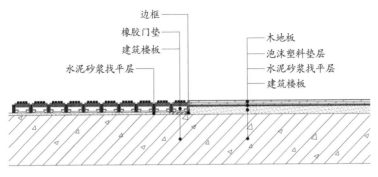

木地板与门垫交接节点图

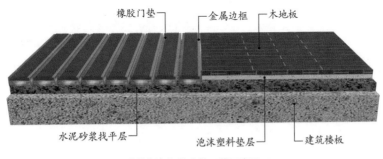

木地板与门垫交接三维示意图

3.31 石材—过门石—石材交接

以施工图和加工单为依据，熟悉、了解各部位尺寸和做法，弄清洞口、边、角等部位之间的关系。在正式铺设前，应将每一个房间的石材板块按图案、颜色、纹理试拼。试拼后按两个方向编号排列，然后按编号放整齐。做法如图所示：

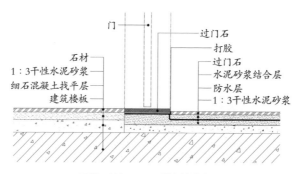

石材—过门石—石材交接节点图

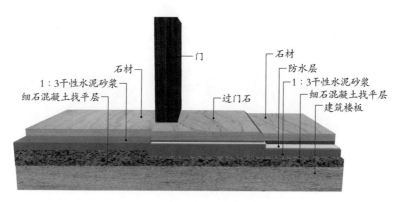

石材—过门石—石材交接三维示意图

3.32 石材与除泥板交接

　　石材安装完成后，除泥板找平的厚度根据石材完成面的厚度确定，以保证除泥板铺贴完成面与地砖完成面的高度一致。做法如图所示：

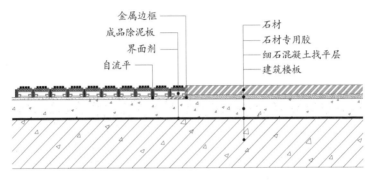

金属边框
成品除泥板
界面剂
自流平

石材
石材专用胶
细石混凝土找平层
建筑楼板

石材与除泥板交接节点图

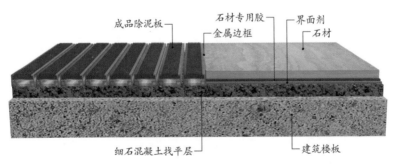

成品除泥板
石材专用胶
金属边框
界面剂
石材

细石混凝土找平层
建筑楼板

石材与除泥板交接三维示意图

3.33 石材与门垫交接

　　面层与下一层应结合牢固，无空鼓。石材规格、位置、连接方法和防腐处理必须符合设计要求。石材面层的表面应洁净、平整、无磨痕，且应图案清晰，色泽一致，接缝均匀，周边顺直，镶嵌正确，板块无裂纹、掉角、缺棱等缺陷。做法如图所示：

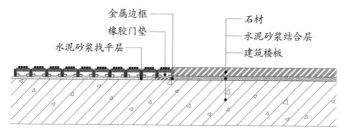

石材与门垫交接节点图

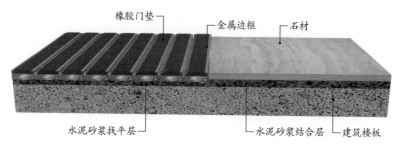

石材与门垫交接三维示意图

3.34 石材与水磨石交接

石材与水磨石交接施工应先拉水平线、中心线，按预排编号铺好铺贴区域后，再进行拉线铺贴。铺贴顺序应从里向外逐行挂线铺贴。缝隙宽度如没有设计要求时，石材应不大于1mm，水磨石块应不大于2mm。铺贴后检查有无断裂、空鼓、污迹。做法如图所示：

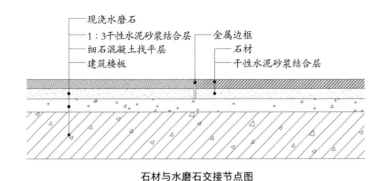

现浇水磨石
1：3干性水泥砂浆结合层   金属边框
细石混凝土找平层   石材
建筑楼板   干性水泥砂浆结合层

石材与水磨石交接节点图

现浇水磨石   金属边框   石材

1：3水泥砂浆结合层   水泥砂浆结合层   建筑楼板

石材与水磨石交接三维示意图

3.35 自流平与木地板交接

　　木地板面层与自流平之间应预留5～10mm缝隙（预留缝隙根据不同木地板面层材质的物理伸缩比率不同而不同）。采用专用的活动金属收边条，用自攻螺丝固定，可调节木地板的涨缩，起到衔接和收口的作用。做法如图所示：

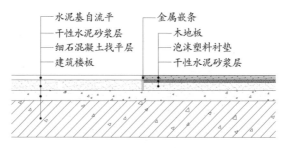

自流平与木地板交接节点图

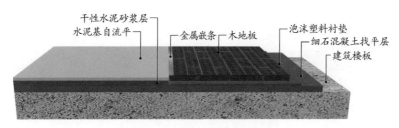

自流平与木地板交接三维示意图

3.36 水泥踢脚线

水泥踢脚线美观实用，采用水泥混合砂浆抹面，要求无脱层、空鼓、面层无爆灰和裂缝等缺陷。表面要光滑、洁净，颜色均匀，无抹纹，线金和灰线平直方正，清晰美观。做法如图所示：

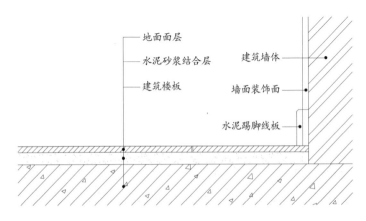

水泥踢脚线节点图

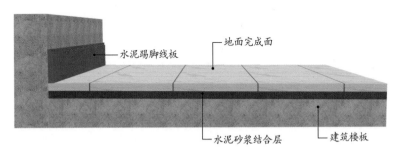

水泥踢脚线三维示意图

3.37　石材踢脚线

石材踢脚线要求石材坚实，色泽均匀一致，无裂纹、变质、变色，无水线或污染，表面不翘曲，无砂眼。面砖无缺釉、落砂、孔洞、掉角、裂纹等缺陷，表面方正平整，色泽一致。做法如图所示：

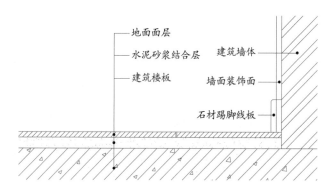

地面面层
水泥砂浆结合层
建筑楼板
建筑墙体
墙面装饰面
石材踢脚线板

石材踢脚线节点图

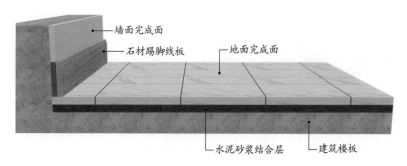

墙面完成面
石材踢脚线板
地面完成面
水泥砂浆结合层
建筑楼板

石材踢脚线三维示意图

3.38 木踢脚线

　　木踢脚线基层板应钉牢墙角，表面平直，安装牢固，不应发生翘曲或呈波浪形等情况。采用气动打钉枪固定木踢脚线基层板，木踢脚线基层板接缝处做斜边压搓胶粘法，墙面阴、阳角处宜做45°斜边平整粘接接缝，不能搭接。木踢脚线基层板与地坪必须垂直一致。做法如图所示：

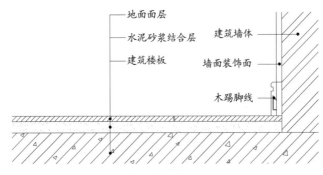

木踢脚线节点图

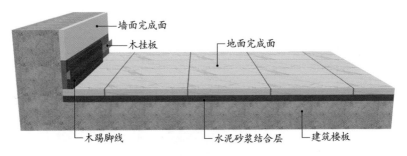

木踢脚线三维示意图

3.39 金属凹面踢脚线

金属踢脚线安装要求粘接牢固，表面平直，安装牢固，不应发生翘曲或呈波浪形等情况。金属饰面板板缝、接口处高差不大于0.5mm，平整度误差不大于0.5mm，接缝宽度不大于1mm。做法如图所示：

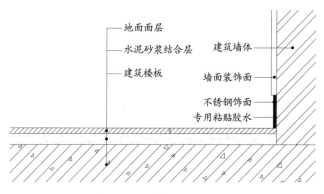

地面面层
水泥砂浆结合层
建筑楼板
建筑墙体
墙面装饰面
不锈钢饰面
专用粘贴胶水

金属凹面踢脚线节点图

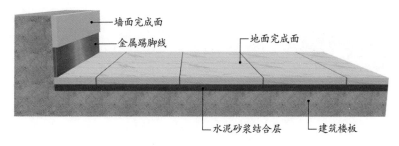

墙面完成面
金属踢脚线
地面完成面
水泥砂浆结合层
建筑楼板

金属凹面踢脚线三维示意图

3.40 金属凸面踢脚线

金属饰面工作待室内一切施工完毕后进行。表面保护膜应在竣工前撕除，金属饰面板与基层胶结时，应间隔胶结，间隔距小于300mm，接口处应采用压条压平整。做法如图所示：

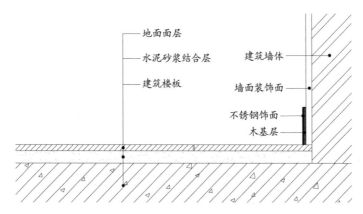

地面面层

水泥砂浆结合层

建筑楼板

建筑墙体

墙面装饰面

不锈钢饰面

木基层

金属凸面踢脚线节点图

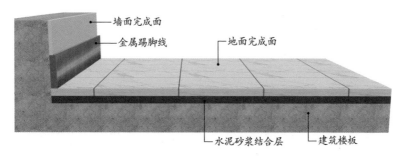

墙面完成面

金属踢脚线

地面完成面

水泥砂浆结合层

建筑楼板

金属凸面踢脚线三维示意图

3.41 水泥踏步

水泥楼梯踏步要求抹灰层之间及抹灰层与基层之间必须粘接牢固，无脱层、空鼓，面层无爆灰和裂缝等缺陷。表面要光滑、洁净，颜色均匀，无抹纹，线角和灰线平直方正，清晰美观。做法如图所示：

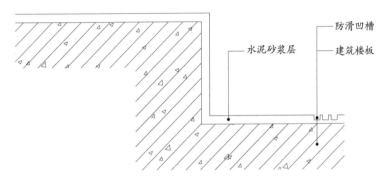

水泥踏步节点图

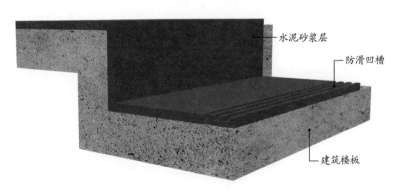

水泥踏步三维示意图

3.42 石材踏步

　　石材楼梯踏步铺贴要先实测各梯段踏步的踏面和踢面的尺寸，按每梯段统一且确定踏面和踢面石材铺贴后的尺寸加工石材。要求石材尺寸准确，厚度一致，踢面石材要方正，踏面石材外漏部分端头要磨光，薄厚与两端圈边一致。做法如图所示：

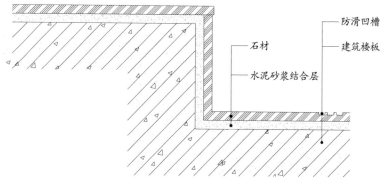

石材踏步节点图

石材踏步三维示意图

3.43 地砖踏步

地砖踏步要求砖面层的表面洁净，图案清晰，色泽一致，接缝平整，深浅一致，周边顺直。板块无裂缝、掉角等缺陷。楼梯踏步和台阶板块的缝隙宽窄要一致，齿角要整齐。楼层梯段相邻踏步高差不应大于10mm，防滑条要顺直。做法如图所示：

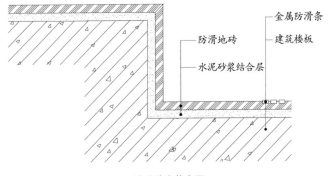

地砖踏步节点图

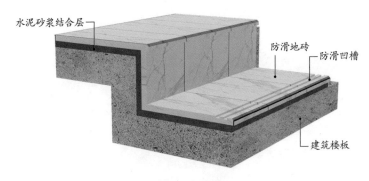

地砖踏步三维示意图

3.44 地毯踏步

地毯要求表面平整牢固，无起鼓，图案色调一致。踏步台阶阳角方正，阴角牢固无起鼓，接缝要顺直严密，表面洁净，在视线范围内应不拼，毯衬铺贴平整，无漏铺现象。倒刺板安装牢固，无漏安装现象。做法如图所示：

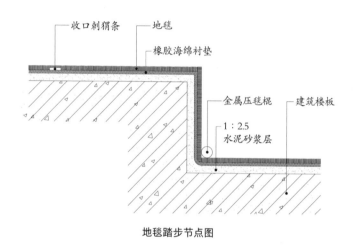

地毯踏步节点图

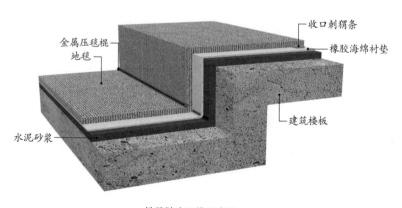

地毯踏步三维示意图

3.45 石材暗藏灯带地台

施工流程：基层处理→找标高、弹线→钢架安装→铺找平层→弹铺贴控制线→铺贴→勾缝、擦缝→灯具安装。做法如图所示：

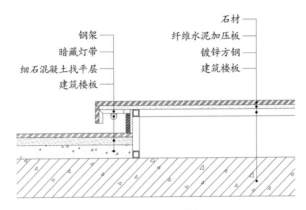

石材暗藏灯带地台节点图

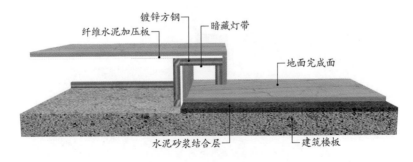

石材暗藏灯带地台三维示意图

3.46 木地板暗藏灯带地台

施工流程：基层处理→找标高、弹线→钢架安装→铺找平层→弹铺贴控制线→铺贴木地板→灯具安装。做法如图所示：

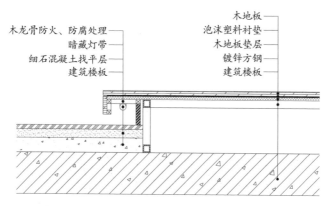

木龙骨防火、防腐处理
暗藏灯带
细石混凝土找平层
建筑楼板

木地板
泡沫塑料衬垫
木地板垫层
镀锌方钢
建筑楼板

木地板暗藏灯带地台节点图

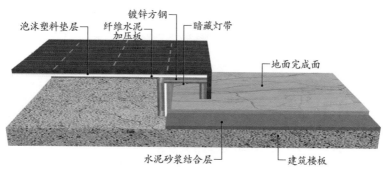

泡沫塑料垫层
纤维水泥加压板
镀锌方钢
暗藏灯带
地面完成面
水泥砂浆结合层
建筑楼板

木地板暗藏灯带地台三维示意图

3.47 淋浴房挡水槛

　　淋浴房浇筑20mm挡水槛。要求挡水槛两侧及端头用细石混凝土捂实。两端与结构墙面衔接密实，不得有缝隙。做法如图所示：

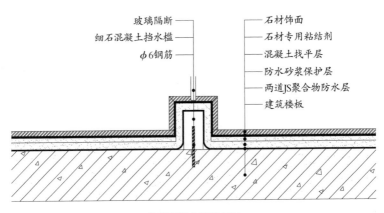

玻璃隔断	石材饰面
细石混凝土挡水槛	石材专用粘结剂
φ6钢筋	混凝土找平层
	防水砂浆保护层
	两道JS聚合物防水层
	建筑楼板

淋浴房挡水槛节点图

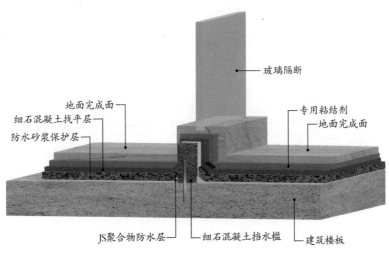

玻璃隔断

地面完成面
细石混凝土找平层
防水砂浆保护层

专用粘结剂
地面完成面

JS聚合物防水层　　细石混凝土挡水槛　　建筑楼板

淋浴房挡水槛三维示意图

3.48 隐框玻璃隔断

　　隐框玻璃板块组件安装必须牢固，固定点距离应不大于300mm，不得采用自攻螺丝固定玻璃板块。隐框玻璃板块安装后，相邻两块玻璃之间的接缝高低差不大于1mm。做法如图所示：

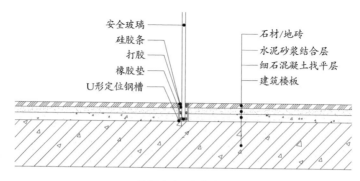

隐框玻璃隔断节点图

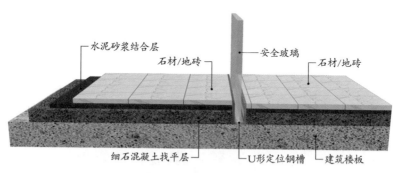

隐框玻璃隔断三维示意图

第 4 章

室内门的基本构造
与施工工艺

室内装饰装修中门的施工工艺基本构造取决于门的开启及材料。可分为：木门、玻璃门、金属门等。

1. 木门只限于室内，用于卫生间时，下部应设置通风百叶窗。
2. 门套制作与安装所使用材料的材质、规格、花纹和颜色、木材的燃烧性能等级和含水率及人造木板的甲醛含量应符合设计要求及现行国家标准的有关规定。
3. 门套表面应平整、洁净，线条顺直，接缝严密，色泽一致，无裂缝、翘曲及损坏。
4. 翘曲（框、扇）偏差不大于2mm。对角线长度差（框、扇）不大于2mm。表面平整度（扇）偏差不大于2mm。裁口、线条结合处高低差（框、扇）偏差不大于0.5mm。相邻梃子两端的间距偏差不大于1mm。

门安装过程中的施工要点：

1. 木材应选用一等、二等红白松或材质相似的木材，夹板门的面板采用五层优质胶合板或中密度纤维板；油漆采用聚酯漆；使用耐水、无毒型胶粘剂。
2. 大于1.5m^{2}的玻璃门应采用厚度不小于5mm的安全玻璃。宽度大于1m的木门，合页应按"上二下一"的要求安装，中间合页的位置应处于门框高度的2/3处。合页安装前，门框与门扇应双面开槽，注意合页的安装方向。
3. 门应采用塑料胶带粘贴保护，分类侧放，防止受力变形。
4. 门装入洞口应横平竖直，外框与洞口应弹性连接牢固，不得将门外框直接埋入墙体。
5. 防腐处理：若设计无要求时，门侧边、底部、顶部与墙体连接部位可涂刷橡胶型防腐涂料或涂刷聚丙烯树脂保护装饰膜。

4.1 单开门

施工流程：弹线找规矩—平开门加工→平开门框运输、定位→平开门框安装→门口四周塞缝→平开门扇安装→五金配件安装→清理。做法如图所示：

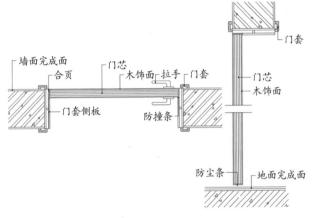

单开门节点图

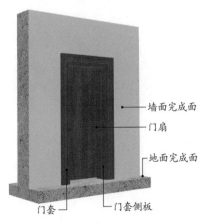

单开门三维示意图

4.2 双开门

　　用"拔木楔"将门框定位，然后用"吊线锤"吊垂直线调整门框的水平和垂直以及在内外墙面的位置，门框竖框对地面的垂直误差不能大于2mm。检查：测量门框槽口尺寸（长、宽、对角线），将其调整到与设计要求一致。连接固定：固定前对门框的位置进行复核，以保证安装尺寸准确，框口上下尺寸误差不能大于1.5mm。对角线误差不能大于2mm，并在确定前后、左右、上下门各方向的位置正确后，再将门框与墙体固定。做法如图所示：

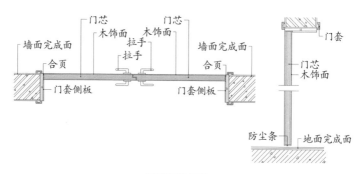

双开门节点图

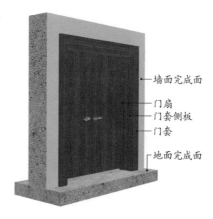

双开门三维示意图

4.3 暗藏推拉门

检查洞口尺寸测量三点，以最小点为准，安装立边条后，安装成品门，校正正、侧面垂直度并固定。做法如图所示：

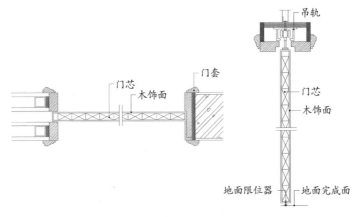

暗藏推拉门节点图

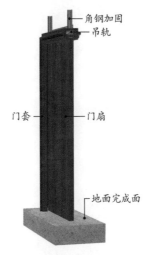

暗藏推拉门三维示意图

4.4 玻璃固定玻璃门

　　由固定玻璃和活动玻璃门扇组合的玻璃门，统一进行放线定位。根据设计和施工图纸的要求，放出玻璃门的定位线，并确定门框位置，准确地测量地面标高和门框顶部标高以及中横框标高。做法如图所示：

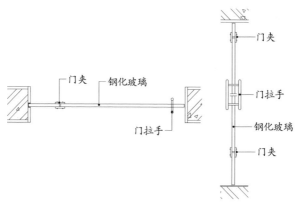

玻璃固定玻璃门节点图

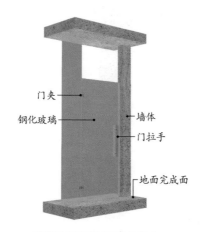

玻璃固定玻璃门三维示意图

4.5　墙体固定玻璃门

施工流程：玻璃门定位、放线→安装玻璃→安装玻璃门扇上下门夹→门扇定位安装→安装玻璃门拉手。做法如图所示：

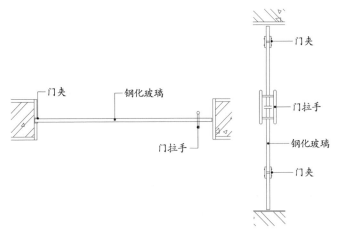

墙体固定玻璃门节点图

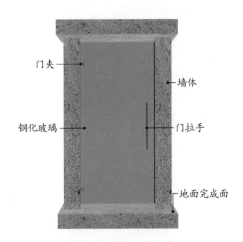

墙体固定玻璃门三维示意图

4.6　地弹簧玻璃门

　　在地面上进行开孔，孔的大小要与地弹簧壳体配紧，不能松动。将玻璃门地弹簧放入开好的孔内，摆正安装好门夹的玻璃门扇，使地弹簧的转轴插入门扇的转轴孔内，调节玻璃门地弹簧的螺丝，保持门扇垂直及上下轴心重合。最后，调节玻璃门的关门速度，盖上地弹簧装饰盖。做法如图所示：

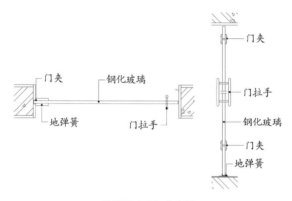

地弹簧玻璃门节点图

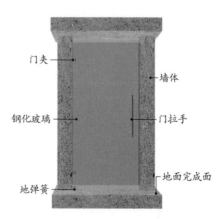

地弹簧玻璃门三维示意图